◆非遗楚香系列丛书

一句楚辭一味香

YIJU CHUCI YIWEI XIANG

韩 雪◎著

華中科技大學出版社
http://www.hustp.com
中国·武汉

图书在版编目(CIP)数据

一句楚辞一味香 / 韩雪著 . — 武汉 : 华中科技大学出版社, 2022.3
ISBN 978-7-5680-7552-7

Ⅰ. ①一… Ⅱ. ①韩… Ⅲ. ①香料—文化—中国—楚国(? —前223) Ⅳ. ①TQ65

中国版本图书馆CIP数据核字(2022)第046958号

一句楚辞一味香
Yiju Chuci Yiwei Xiang

韩雪　著

责任编辑:汪杭
封面设计:原色设计
责任校对:刘竣
责任监印:周治超
出版发行:华中科技大学出版社(中国·武汉)　电话:(027)81321913
武汉市东湖新技术开发区华工科技园　邮编:430223
录　　排:湖北新华印务有限公司
印　　刷:湖北金港彩印有限公司
开　　本:710mm×1000mm　1/16
印　　张:13.5
字　　数:170千字
版　　次:2022年3月第1版第1次印刷
定　　价:67.80元

推荐序

爱上《楚辞》是在大一上学期。教历史文献的老师在讲授《楚辞》时，同我们分享了闻一多先生执教清华期间的一则轶闻，据说闻先生在每堂古典文学课前都会有一句声情并茂的开场白："痛饮酒，熟读《离骚》，方为名士！"年少轻狂的我也曾有过一丝"名士"情结，只是自知基因所限，"痛饮酒"已绝无可能，倘若能"熟读《离骚》"，或许可浪得半个"名士"虚名。闻先生所谓《离骚》无疑是《楚辞》的指代，自此《楚辞》成为我历史文献精读书目的首选。

同香结缘则始于我读硕士研究生时，某日翻阅宋代词人李清照的《醉花阴·薄雾浓云愁永昼》，一度被其中的"瑞脑销金兽"所困惑，直到查阅名家注解，方知是指龙脑香在金兽香炉中袅袅上升，以至我对文人与香有了更深层次的认识，从而对香品也多了一份情愫。

虽然《楚辞》和香已先后俘获了我的心，但是纵使我具有超凡的想象力，也不会把二者"链接"起来。因此，当非物质文化遗产项目楚香代表性传承人韩雪女士光临寒舍，请我为她的新著《一句楚辞一味香》作序时，我的兴奋与惊奇如同遭受电击！原来《楚辞》与香竟有这般奇妙的因缘。

瞬间惊艳我的是书名——一句楚辞一味香，它传递给世人的是何种信息？是每一句楚辞中的香草都能羽化为一味楚香？或是每一味楚香都是一句楚辞中香草的复活？还是二者皆是？强烈的好奇心驱使我很快翻开书稿，沉浸其中，痴痴阅读，几至欲罢不能。

《一句楚辞一味香》全书共分为35篇，每篇包含文、诗、方（香药方）三个部分，内容相辅相成，浑然一体，若以文美、诗妍、方精誉之，似无溢美之嫌。

以文论，无论是纷华照眼的江离、幽兰、蕙草，还是光彩夺目的留夷、芰荷、杜若；无论是顾盼生辉的三秀（灵芝）、白芷、款冬，还是千姿百态的泽兰、辛夷、梧桐，无不令人"乱花渐欲迷人眼"！那些《楚辞》中的嘉花名草，或勾连着一个梦幻传说，如以莲叶为衣、藕节为身的莲花童子哪吒，为救夫君冒险盗灵芝仙草的白娘子，还有用白芷制作香妆澡豆的唐永和公主；或演绎出一则美妙的故事，如天才诗人屈原常以兰汤沐浴，一代枭雄曹操喜佩江离于衣袂，更有惺惺相惜的张籍与贾岛借款冬而言志；或牵引出一段文坛佳话，如陶渊明采菊于东篱，韩愈叹幽兰于深谷，苏轼咏泽兰于湖畔；或发掘出一份历史记忆，如荀子以射干比喻遗世独立，杜甫由辛夷联想到命运多舛，李清照用"惊落梧桐"表达忧患与哀愁……尤其使人称奇的是，这一切的一切无不与楚香融为一体，连同其母题——《楚辞》中的花草，也一并化作楚香的灵魂与血肉。

就诗言，其想象之奇特、构思之精巧、语言之优雅、莫不令人拍案击节！虽说是一诗一香草、一花一楚香，其主题则皆深植《楚辞》。试看作者笔下的《辛夷》：前半生是神童手里的笔/生花妙处/是不可解的谜/掬水月 弄花影/参不透无上正等的觉/无语于三界/我苦等对应的契/几度秋凉 持画笔/从盛唐过玉门/悲欣交集/一腔辛烈抒胸臆/落花成冢/半生是实 半生是虚。仅读此诗，也许难得甚解，但若与文对照读，则豁然开朗。其文曰："少年时，辛夷在我心目中是神笔马良，以为世间的事非善即恶，一笔即划出界线。成年后，辛夷则是起解的苏三，让我明白善恶若能一笔分出界线，世间哪还会有那么多的冤屈？”诚然，诗文互洽并非作者的旨归，其初心是“释然亦然，辛夷最终还是《本草纲目》中的那一行记载‘其苞初生如荑，而味辛’，是我调香的一味香药材罢了。”寥寥数语，尽得风流，真可谓妍诗与美文珠联璧合，花草与楚香水乳交融！

由方观，堪称精绝。从香料的特性，到配方的比例，从合香的技艺，到用香的方法，乃至香之功效与禁忌，本书不仅将祖传的楚香秘要和盘托出，而且用语精准、行文简洁、理趣兼备、雅俗共赏，其应用、传承、推广的价值不可估量。

插画也是本书的一个吸睛之处，书中每一篇都配有一幅手绘精致水墨画插图，据说是韩雪女士远在桂林的学生王萱耗费60个日夜，花了大量心血绘制的，文润画风，画扬文气，各美其美，美美与共，楚香情、翰墨心、师生谊尽在其中，宛若活色生香的长卷！

假定把书比作新娘，序不过是盖头，人们最想看的不是盖头，而是盖头下欲遮还羞、风姿绰约的新娘，故序宜匆匆掠过，“不带走一片云彩”！

刘玉堂

（华中师范大学、湖北大学特聘教授，湖北省社会科学院原副院长，

央视《楚国八百年》学术顾问暨主讲嘉宾）

2021年10月

芳香疗法虽是后人提出的概念，但其在人类接触药草或芳香类药草时就已存在了，从萌芽到发展，从发展到兴盛，始终受到世人的青睐。让人不禁感叹，芳香疗法究竟为何物，为何能经久不衰，那就让我们一起进入芳香疗法的奇幻世界吧。

一、芳香疗法的概念

芳香疗法源于药草治疗，是用气味芳香的药物（如丁香、藿香、木香、麝香、薄荷等）制成适当的剂型，作用于全身或局部以防治疾病、促进健康的医疗保健方法。

二、芳香疗法的历史源流

可以毫不夸张地说，芳香疗法的历史可回溯到三千多年前，可谓源远流长，历朝历代的历史文献中不乏芳香疗法的记载。

（一）萌芽与实践阶段

殷商时期，甲骨文中有熏疗、酿香酒的记载，到了周代还有浴兰汤和佩香囊的风俗。先秦时期，人们就认为芳香药物可以防治疠气，如《山海经》中记载熏草“佩之可以已疠”。汉朝时期，《神农本草经》中记载了不少芳香药物，并较为详细地叙述了其药性和功用，如“菖蒲，味辛温。主风寒湿痹，咳逆上气，开心孔，补五脏，通九窍，明耳目，出音声。久服轻身、不忘、不迷惑、延年”。这为后世用药提供了参考依据。两晋南北朝时期，是我国民族大融合的重要时期，大量的少数民族内迁，带来了其民族芳香疗法的经验。隋唐时期的大一统，促使中外交流空前扩大，少数民族芳香药物及海外芳香药物大量传入，苏合香、阿魏、安息香、龙脑香等外来香药在此期间被《新修本草》正式收入。唐末五代时李珣《海药本草》补充记述了芳香药物50余种，如没药、零陵香、甘松香、青木香等。唐代孙思邈《备急千金要方》在“辟温”一节中选用芳香药物为主体预防和治疗外感温热病。

（二）蓬勃发展阶段

宋代，芳香药物已作为商品进行贸易往来，“海上丝绸之路”出现了专门运送芳香药物的香舫。《太平圣惠方》中记载的以香药命名的方剂达120方，如沉香散、苏合丸等方剂皆出于此时期。明代，芳香疗法兴盛发展，《普济方》记载97方，辟有“诸汤香煎门”，对于芳香药方剂的组成和功效均有详细记载，较全面地总结了15世纪以来芳香疗法经验。《本草纲目》中记载有香草56种、香木35种，并且介绍了芳香外治疗法的常用给药方法，如漱、敷、涂、扑、浴、吹、擦等。

（三）形成完备的理论体系阶段

清人吴师机《理瀹骈文》对芳香疗法的作用机理、辨证论治、药物选择、用法用量、注意事项均做了较为系统的阐述，从此芳香疗法形成了完整的理论体系，并得到了进一步的推广。清宫医案记载了不少香方。小说《红楼梦》中香囊、香串、熏炉随处可见，说明芳香疗法在清代已经较为普及。

三、芳香疗法概述

（一）芳香药物分类

常用的芳香药物可按其功效分为芳香解表、芳香清热、芳香化湿、芳香温里、芳香理气、芳香活血、芳香开窍、花类以及其他芳香药九大类。芳香解表类主要包括桂枝、香薷、生姜、荆芥、防风、白芷等,顾名思义,其功效主要为解表;芳香清热类主要包括青蒿、金银花、鱼腥草等;芳香化湿类主要包括人们常用的砂仁、豆蔻、藿香、佩兰等;芳香温里类主要有茴香、花椒、胡椒、艾叶等;芳香理气类主要有木香、陈皮、沉香等;芳香活血类包括当归、川芎、乳香、没药、蒲黄等;芳香开窍类的代表药物主要是麝香、苏合香、冰片、石菖蒲;花类主要有茉莉花、桂花、菩提树花、蔷薇花;其他芳香药包括白术、甘松、零陵香、樟木等。

(二)芳香药物功效

芳香类药物主要的功效是辟秽、解表、化湿、温通、开窍。

(1)辟秽:芳香药物具有除邪辟秽的作用。《本草纲目》记载:"苏合香气窜,能通诸窍脏腑,故其功能辟一切不正之气。"长期的临床运用也显示,取苍术、石菖蒲、藁本、甘松、丁香、冰片等药物各等量,碾碎装入香囊佩带于胸前,长期吸入药物散发出的芳香物质可预防小儿呼吸道感染。

(2)解表:芳香解表类药物大多具有温和的刺激作用。如生姜、桂枝能够使皮肤毛孔开放,不仅能促进芳香药物的吸收,还能使邪气排出。现代药理研究发现解表药具有抗菌、抗病毒作用。

(3)化湿:《本草纲目》记载"芳香之气助脾胃",芳香药能够调畅气机,助力脾胃运化,针对脾胃运化欠佳、湿邪阻滞、脾胃湿困所致病证具有良好的疗效,代表药物有藿香、佩兰等。大部分芳香化湿药物均能够促进胃液分泌而助消化。

(4)温通:芳香温通类药物是治疗心腹痛的常用药物,如苏合香丸可用于治心绞痛。阳虚导致胸痹疼痛,通常需加用薤白、桂枝、细辛、高良姜等温通药物,散寒止痛。芳香温通类药物中含有异丙肾上腺素生物活性成分,能够解除冠状动脉的痉挛,增加心肌供血量。

(5)开窍:因芳香药物具有辛香走窜之性,故其具有独特的开窍醒神功效。《温病条辨》言:"此芳香化秽浊而利诸窍,使邪随诸香一齐俱散也。”麝香、冰片、苏合香等均属此类，苏合香丸更是汇聚诸香以开其闭。大多数芳香药物均具有兴奋中枢神经系统和活血化瘀的作用。

（三）常用的媒介工具

（1）香囊：将芳香的药末装入特制的布袋或者容器，随身佩带，通过药味挥发以防治疾病。

（2）香炉：又名熏炉，由金属或陶瓷制作而成，其中可以盛放芳香制品，用以焚香散发芳香之气而达到防病的目的，上有炉盖。

（3）香球：又名袖炉、手炉、熏球，其形状外为镂空的金属圆罩，内有三层关捩，中置半碗状球，使用时将芳香制品放置在半碗状球内，用以爇火，可以放置于被窝中熏香或者取暖。

（4）鼻烟壶：为盛鼻烟的容器，有金属、陶瓷等材质的，烟壶上画有各种图案。

（5）香熏筒：由金属制成的圆柱筒状，边为镂空，上有筒盖，筒中置有盛香药的小盘，使用时将香药点燃，可释放香气。

芳香疗法经过长期的发展，其容器也不断发展，现有许多新型的器具更加方便，如燃烧式熏香灯、插电式熏香、负离子振荡器、芳香蜡烛、扩香石头、芳香项链。

（四）使用方法及剂型

芳香药物可通过香佩、香冠、香枕、香兜、香熏、香浴、香敷、香熨、嗅鼻、芳香熏蒸、超声雾化吸入等方法运用，因其有不同的运用方法，故可依据其用法将其制作成不同的剂型，目前最常见的香药剂型有精油、香熏剂、香剂、气雾剂、喷雾剂、露剂、贴服剂、含漱剂、香膏剂、洗浴剂、药枕剂等。

（五）使用注意事项

芳香疗法虽适用范围广，但并非适用于所有的人群和疾病，使用时也应按其药物性质合理选用，应体现中医“辨证论治”“三因制宜”的原则，方能达到预期效果。如芳香类药多为辛温香燥之品，易于伤阴耗气，故阴亏津伤及气虚乏力者当慎用；气虚不摄血之人不适用芳香活血类药；孕妇、婴幼儿、体质虚弱者应避免使用芳香类药物提取的精油物质；皮肤敏感者也应减少芳香类药物的外用。总之，在选用芳香药物及疗法的时候，应注意个体差异，避免不良反应。

四、芳香疗法的运用

（一）香药同源——芳香药物治疗疾病、防止传染病的蔓延

传说，神医华佗曾遇到一个面色萎黄、眼睛凹陷、骨瘦如柴的病人。病人对华佗说："先生，请您给我治治病吧。"华佗见病人是黄痨病，皱着眉，摇了摇头说："眼下大夫都还没找到治黄痨的办法，我对这种病也是无能为力呀！"半年后，华佗又碰见那个病人。他不但没有死，反倒变得身强体壮、满面红光。华佗大吃一惊，急忙问道："你这病是哪位先生治好的？快告诉我，让我跟他学学去。"那人答道："我没请先生看，病是自己好的。"华佗不信："哪有这种事！你准是吃过什么药了吧？""药也没吃，只是因为春荒没粮，我吃了些日子的野草。""这就对啦，草就是药，你吃了多少天？""一个多月。"吃的是什么草？""我也说不清楚了。""你领我去看看。"他们走到山坡上，那人指着一片野草说："就是这个。"华佗一看，说道："这不是青蒿吗，莫非能治黄痨病？嗯，弄点回去试试看。"于是，华佗就用青蒿试着给黄痨病人下药治病。但一连试了几次，病人吃了没一个见好的。华佗以为先前那个病人认错了草，便又找到他，问："你真是吃青蒿吃好的？""没错儿。"华佗又想了想问："你吃的是几月里的蒿子？""三月里的。""唔，春三月间阳气上升，百草发芽。也许三月的青蒿有药力。"第二年开春，华佗又采了许多三月间的青蒿试着给害黄痨病的人吃。这回可真灵！结果，吃一个好一个，而过了春天再采的青蒿就不能治病了。为了把青蒿的药性摸得更准，等到第三年，华佗又一次做了试验：他逐月把青蒿采来，分别按根、茎、叶放好，然后给

病人吃。结果，华佗发现，只有幼嫩的茎叶可以入药治黄痨病。青蒿作为芳香药，其芳香的药性走窜，入肝胆经，能够利湿退黄，后有“三月青蒿能治病，五月六月当柴烧”的说法。

14世纪欧洲暴发的鼠疫，夺走了约二分之一欧洲人的生命。患病者在很短的时间内就死亡，街道上都是运送尸体的推车经过。后来，有人注意到与芳香植物为伍的人群不易感染瘟疫，如香制造者，他们似乎有更好的免疫力，后来当局采取了一系列措施对抗鼠疫，如用松木在街头点火净化空气，在脖子上佩带装有芳香药物的香囊，医生在接触病人时在面罩上涂上肉桂、丁香以及其他芳香药物以防传染。芳香药物在抵御这场灾难中发挥了巨大的作用。

（二）香药同源——具有代表性的芳香药物在医疗中的作用

（1）玫瑰花：玫瑰花是常见的芳香药物之一，其味甘、微苦，性温，入肝、脾二经，具有理气解郁、和血散瘀的作用。单用泡水代茶饮以疏肝解郁，提取的精油可作护肤、沐浴、按摩用，嗅其香气还具有缓解焦虑、改善失眠的作用。现代药理研究证明，玫瑰花能够减轻由于冠状动脉结扎所导致的心肌缺血症状，缩小心肌梗死范围，对心肌具有保护作用；玫瑰花水煎液对金黄色葡萄球菌、伤寒杆菌和结核杆菌均具有抑制作用。

（2）丁香：丁香属芳香温里药，性辛、温，入脾、胃、肾经，因其辛温走窜之性，故具有温中降逆、散寒止痛、辟秽通窍、杀虫疗疮的功效。丁香可入中药汤剂、丸剂、散剂，可食用，可研末调敷外用，可提取精油；宋代《太平惠民和剂局方》记载丁香散用以治疗胃虚气逆、呕吐不定；丁香油可作为食用油食用；丁香精油具有抗菌消炎、舒缓牙痛的良好作用。

（三）香药同源——记芳香药物在新冠肺炎疫情中的运用

2020年初，新型冠状病毒引起的肺炎疫情具有很强的传染性，14亿中国人团结一心，坚决要打赢抗击新冠肺炎疫情这场攻坚战。中医药疗法被写入新冠肺炎的预防指南中。中医认为新冠肺炎属于"疫"病范畴,治疗所用的藿香正气胶囊、连花清瘟胶囊以及根据各个证型所选取的汤剂,均含有芳香药物;不少民众佩带装有芳香药物的香囊辟秽,在家中燃烧艾叶等芳香药净化空气。这是14亿中国人的记忆,是体现了"香药同源"的特殊记忆。

(四)芳香药物在日常生活中的运用

杀虫辟秽:在我国的传统节日端午节这一天,各家各户均会在门上悬挂艾草、菖蒲等芳香药物,起到杀灭害虫、辟邪的作用,饮服各种芳香药物煮成的汤剂、雄黄酒以解毒杀虫。

药物替代:从芳香药物提取出的精油可用于辅助睡眠。有报道指出每周吸嗅薰衣草精油两次,可改善睡眠质量,调整失眠患者的睡眠节律;玫瑰精油也具有改善睡眠的作用。

美妆日化:随着科技的进步,目前已能从较多的芳香药物中提取出其有效成分,制成护肤品、香水、香膏。

日常保健:在日常生活中,大多数人有足浴的习惯,通常在足浴中加入芳香类药物,如艾叶、生姜、肉桂、菖蒲等类型,取其芳香走窜之性而起到调畅人体经络气血之效果,不同体质的人应选择不同的芳香类药物,不可盲从大众。

日常佐料:有的芳香药物能够作为香料用于烹饪,起到提味增鲜的作用,尤其是炖煮或者卤制菜肴的时候运用较多。我们生活中常用的茴香、生姜、肉桂、胡椒、花椒均属于芳香类药物。除了这种可以直接使用的天然香料,还有合成香料。合成香料又分为全合成香料和单离香料。用化工原料合成的称全合成香料,用物理或化学方法从天然香料中分离提纯的单体香料化合物称单离香料。

(五)应用前景

长久以来,芳香疗法已经成为一种有效的替代和辅助医疗的方法,能够提高人们的舒适感并解决许多健康问题,包括情绪低落和失眠等问题。目前的芳香疗法在很大程度上是安全的，虽也有相对的禁忌证，但未见报道芳香疗法直接导致严重事故和安全问题，由此可见香药同源具有长足的发展前景。但研究者需弄清芳香药物是在什么条件下以及药物中的哪一种成分通过什么具体的方式改变情绪、生理状态和行为。相信在不久的将来，我们会将芳香药物的运用范围拓展得更宽，芳香疗法作为一种安全有效的替代和辅助医疗的方法将会得到越来越广泛的应用，从而真正体现香药同源。

王平　冉思邈

（王平，湖北中医药大学副校长、二级教授，博士生导师、博士后指导老师，享受国务院政府特殊津贴专家，是国家首批中医药领军人才支持计划"岐黄学者"。）

自序

如果说中国几千年的历史让人一望无际，那中国的香文化便是贯穿这几千年文明的索引，从有形的香料沿革出独具东方特色的人文仪轨、宗教信仰、民俗生活、文学艺术、中医学术等，使得几千年的中华文明史生动起来。这源远流芳的香文化，在历代医学典籍中星罗棋布，似乎香与药都是医家的擅长，在其运用中也多归于芳香化湿、活血行气、醒神开窍等功用，这或许是香最早出现在人们视野中的样子。先秦古籍《山海经》虽不是医典，却以怪诞手法记录了楚地当时的地理人文，其中多处有香草香料防病治病的记载，如对零陵香防病功效的阐述："又西百二十里，曰浮山。多盼木，枳叶而无伤，木虫居之。有草焉，名曰薰草，麻叶而方茎，赤华而黑实，臭如蘼芜，佩之可以已疠。"由此可见，最早的香并不是单纯地以祭祀为主，追溯上古，人们在大自然各种恶劣环境下生存，饥饿与疾病司空见惯，温饱与防病治病即是当时的最基本的生存刚需。于是就有了"治之以兰，除陈气也"（《黄帝内经·素问·奇病论》）的经验，就有了医家们采用服食香草、施之艾灸、熏燎青蒿等方法来防疾疗疾。

关于楚地用香的习俗，可追溯至战国时期，这与当地的地理环境有着必然的联系。《周礼·冬官·考工记》记载：

"天有时,地有气,材有美,工有巧,合此四者,然后可以为良。"可谓一方水土养一方人。

楚香的形成正应合天时、地理、物产,楚人通过总结人与大自然的关系,营造特定的环境氛围,通过气息调节安养情志、祛浊养息、保健延年。历朝历代,达官贵人对熏香青睐有加、乐此不疲,除了彰显生活品位,更主要的是追求这样一种优雅健康的生活方式。

楚地是中国香文化重要的起源地,这在众多的历史记载中均有阐述,在此不一一赘述。楚香制作技法虽没有具体翔实的记载,却可从南朝梁宗懔《荆楚岁时记》里所描述的民俗民风中窥见一斑,书中的记载显示,楚香正是楚人的一种生活习俗。这一点从晚明文学家李维桢在为周嘉胄所作的《香乘》序中也可看出。序文用三百余字,将作序缘由、香于儒释道中的作用,都进行了精辟的论述,虽不是洋洋洒洒宏文巨作,却也是旁征博引、娓娓道来,结笔处如是写道:"夫以香草比君子,屈宋诸君骚赋累累不绝书,则好香故余楚俗,周君维扬人,实楚产,两人譬之草木,吾臭味也。"《香乘》一书是明代以前集历代香文化之大成的最为重要的香学经典之一,李维桢作为当时位高权重的官吏,为此书作序,足见当时文人对香的偏好已跨越了阶层,一份心意相通、同气相求的情谊足够承载友人交往的全部意义,而一句"好香故余楚俗"则是对楚香溯源的最好佐证之一。

另有荆州香文化研究者肖军于2011年发表的《中国香文化起源刍议》一文,对香文化的起源做了三个观点的论述:其一是祭天说,其二是驱蚊说,其三是避邪说。他认为"楚人崇尚巫术,从燃放爆竹的风俗就可以进一步证明这一点"。不管怎样,我始终认为,香文化的形成与肖军所提出的后两种观点,即"驱蚊说"和"避邪说"密切相关。而这也证明香文化与楚文化是紧密相关的。西汉刘向《说苑》云:"圣人之治天下也,先文德而后武力。凡武之兴,为不服也。文化不改,然后加诛。"香文化在中国历史长河中源远流长的事实可以证明，在秦国消灭包括楚国在内的六国从而统一中国后，作为楚文化重要内容的香文化一直影响着中华文化并传承至今。

楚香在楚地，不仅仅是民风民俗的内容，以屈原为代表的当时的士大夫阶层，将其上升到人格文化层面。他们有着高贵的出身、高尚的情怀、高洁的文化修养，在世间万物中，他们选择了以民众喜闻乐见的香草气息来象征人格修养。以香草美人自喻的屈原，将他生活中的衣食住行全部用香草来熏染，体现了君子高贵芳洁的品质。他的衣着“扈江离与辟芷兮，纫秋兰以为佩”；他的饮食“朝饮木兰之坠露兮，夕餐秋菊之落英”（《离骚》），他的居所“合百草兮实庭，建芳馨兮庑门”（《九歌·湘夫人》）；就连日常沐浴也是“浴兰汤兮沐芳，华采衣兮若英”（《九歌·云中君》），这样一种超现实的理想状态，与《庄子·惠子相梁》中那“非梧桐不止，非练实不食，非醴泉不饮”的天鸟如出 一辙。屈原的诗，让这种理想化的人文情怀活灵活现。

由此再看《楚辞》满纸的香草，我便会不由自主地跳出香草本身，眼前浮现这些伟大的圣人先驱，这也让本来轻盈芬芳的香气多了些庄重的品位，已经不仅仅是怡人情志的香气了。在研习楚香的过程中，我感觉自己仿佛做了一回跨世纪的香草美人，感叹大情怀与小情调虽如云泥之别，但均重在由情而发，在屈子忧国忧民的一步三叹中，我终是想将香药同源的楚香文化借了这千年的传唱，记录下来，又借来乾隆御医黄元御“不为良相，便为良医”的志向，更坚定了要将楚香制香技艺传承下去的志向与信念。我内心那份责任，亦由此而得安放。

楚香制作技法作为传承了几百年的家族制香技艺，在旧时大多应用于书香门第。在十多年深入的研究中，我结合古籍香典中记载的许多香方，陆续考证和整理了家学楚香传承的秘方。 许多古籍香典中记载的香方大同小异，我在整理楚香香方时，更侧重梳理香药同源的芳疗方法，这是有别于其他文人用香的特点。楚香香方中，有些竟与马王堆汉墓出土的帛书《五十二病方》相似，特别是治疗皮肤瘙痒的古方，几乎是代代相传至今，其主要缘由还是楚地的夏天酷热的环境，以及蚊虫叮咬而常见的皮肤病亟待治疗的需要。

另外，楚香中利用生活中弃之不用的水果皮核而配制的穷香，与苏轼、黄庭坚等文人热衷的“四弃香”异曲同工，在当时，虽物资匮乏，但文人雅士对精神生活有着极致要求，这信手拈来的合香技艺成为他们生活最为丰富的佐味之一。苏轼即在被贬黄州穷困染病时，于山林间写下《十月十四日以病在告独酌》：“铜炉烧柏子，石鼎煮山药。一杯赏月露，万象纷醻酢。”从中可以看到一炉青烟对文人是何等的慰藉。我甚至这样想，香之氤氲对于帝王将相、高官富贾，或许只是空间娱乐的衬托；而对于有抱负有理想的君子文人，这一炉香的清幽，则是其精神生活无可取代的寄托。

古往今来，关于楚文化的著作浩如烟海，其中不乏楚地民俗与楚香鲜活生动的气息，在此无法一一考证，更无力一一枚举。纵观之，每位研究者都会从个人的研究取向剖析论述，即使是论述香草，更多是着力于植物学理论，少有论及具体的香事，这一点，学者孙亮、张多在《中国香文化的学术论域与当代复兴》一文中说得十分明白，“中国香文化是一个冷门研究领域，历来在人文社会科学研究图景中并不彰显”。但是不管怎么样，楚文化中如果少了香草美人，仿佛一场历史大戏少了些许温情，而正是多了一味楚香，传承了几千年的楚文化便活色生香起来。或许楚香在楚文化研究中并不是特别重要的部分，却一定是非常有趣有味的一部分，由此，楚香作为具有鲜明特色的地域文化的一个门类，借着楚文化研究之大乘，若要在当下迎来更深入的研究和发展，已然不只是香事，在更广阔更丰富的层面，有待更多的专家学者参与。

楚香作为非物质文化遗产代表性项目，有望成为研究楚文化的又一视角。作为楚香的传承人，抛砖引玉正是我的使命。

《一句楚辞一味香》历经三年，记录了《楚辞》中三十五味香草在楚香中的合香作用，记录了我借《楚辞》而抒发的香草情怀。我在创作过程中得到了楚文化学者刘玉堂先生、中医学者王平先生、非遗研究学者姚伟钧先生等众多老师的支持与指正，我由衷地感恩。《一句楚辞一味香》是文艺的，又是实用的，在这三年的时间里，我将“用心”与“用力”都浸入这字里行间，透过一纸墨迹留一缕清香，祈望读者捧书阅读之时，手留余香。

韩 雪

2021年2月12日牛年大年初一

特别提示：楚香香方在炮制和配伍上有一定的流程和技艺，中医药方亦如此，且在具体使用上因人而异。因此，本书中提及的“楚香之香方一味”需在专业制香师的指导下制作和使用，本书中提及的“中医药方一味”需在专业医生指导下使用。

千古芬芳留楚香

盘古开天时从太阳里截流一段光
女娲用来炼了五彩石
堵住残破的天穹
龟裂的天空至今还有伤
那是一团火辗转腾跃传楚地
先人在守燎祭天的神坛
看周王挥斥方遒　指点江山
不服的心煎烤出不息的自强
就这样，一路披荆斩棘
赤脚踏出草莽
就这样，一路筚路蓝缕
身躯遍体鳞伤
餐风饮露的日子
不屈的是志向
晨光中将香草束之战旗
名列前茅的士气　开土拓疆
晚晖里在三山五岳的沟壑燃香草
袅袅升腾的楚香
是楚人的精神气质
不再是草木之芳
从五十里的方圆立国
先人的火种

星星燎原半壁华夏的大河大江
在神农尝百草的攀山架上
一缕青烟上贯太华　自成景象
老子骑着青牛出关　回望故里
庄子鼓盆而歌　感叹梦幻如常
时光与命运借江淮间的灵茅
缩出一碗鬯酒郁汤
问天,楚人的香籍是否上了封神榜
滋兰九畹　树蕙百亩
行吟泽畔是报国无门的惆怅
草本无心　美人堪折
屈子处江湖远　哀民生伤
践远游之文履　从春秋至盛唐
曳雾绡之轻裾　梅花轻点寿阳
就这样一缕芝兰润时光
将诗书酒茶的风雅
捎带雪中春信　穿越千年
以兰心留白
用蕙质留香

韩雪

2021年8月31日

朗诵者:谢东升,湖北省朗诵艺术家协会会长,湖北广播电视台播音指导,中宣部“学习强国”平台播音朗诵专家团成员,中华文化促进会主持人专业委员会副主任,中国电视艺术家协会会员,武汉市全民阅读促进会副会长。

扫码聆听

《千古芬芳留楚香》

目录

上篇

下篇

上篇

穿时空

日月忽其不淹兮
春与秋其代序

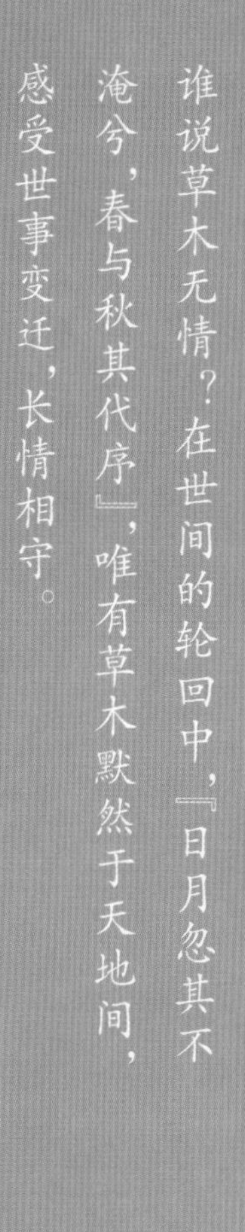

谁说草木无情？在世间的轮回中，『日月忽其不淹兮，春与秋其代序』，唯有草木默然于天地间，感受世事变迁，长情相守。

江离

扈江离与辟芷兮，
纫秋兰以为佩。

摘自《离骚》

【译文】

我把江离芷草披在肩上，
把秋兰结成索佩挂身旁。

将“江离”作为《一句楚辞一味香》的首篇，除了它是《楚辞》的典型代表作品《离骚》中最先出现的香草，还因为它的名字，是我觉得最具文艺特征和最有诗意的。

诗人在《离骚》起首的自我介绍之后，开始以一味香草“扈江离与辟芷兮，纫秋兰以为佩”描述自己日常生活的装扮，隐喻高洁的品位、与众不同的爱好、超凡脱俗的志向，表达出精神的洁癖。“江离”即是在诗人这样的设计中，在极具视觉与嗅觉的场景里芬芳亮相的，这样的隆重使得江离不只是“离离原上草，一岁一枯荣”那般简单，它更像有灵魂的衬托道具，虽低调已留香。

“江离”是先秦时期芎䓖的别用名，芎䓖在被称作“江离”的同时，还被称为“蘼芜”，无论哪个名称，都会让我觉得这更像是一个妙龄女子的芳名。

“江离”在《楚辞》中被多次提及，可见是楚地常见的香草，又因其富含挥发油成分，芳香扑鼻，因此常被古人“或莳于园庭，则芬馨满径”。“江离”所具备的天生丽质，使得它成为《楚辞》中第一位出场的君子，最先进入人们的视野。

楚香里的江离

被称作“江离”的芎䓖，为伞形科植物，全株芳香，用香可取其叶，用药则取其根茎。在古时楚地，江离与青蒿一样，是随处可见的野生植物，被楚人用于饮食、佩带、沐浴等日常生活。论药性，以川地芎䓖为最佳，因此被医家优选，被称为“川芎”，其主要药用价值为行气祛风、活血止血，对头痛心郁、跌打损伤等有治疗作用。

芎䓖所含挥发物质、生物碱及芳香酚很丰富，每到枝繁叶茂时，可采嫩叶调羹果腹，有“采而掇之，可糁于羹”（宋代宋祈《川芎赞》）之说；老叶可香衣祛浊，有“蘼芜香草，可藏衣中”（晋代郭义恭《广志》）之用。据说，魏武帝曹操便时常将芎䓖佩带于衣袖，不知道是否为效仿屈原“扈江离”的芳香生活。

从诸多文献记载中可以看出，芎䓖在楚香的制作中，正是以“扈江离与辟芷兮，纫秋兰以为佩”为主要的依据，是端午节香囊组方中最为重要的一味香药。

芎䓖药用记载为治疗头痛要药，可配细辛、白芷、荆芥、防风、羌活等，用于治疗感冒、风寒、头痛，同时还是冠心病、心绞痛的常用药。而芎䓖作为香材，在楚香配伍中，除了作为制作香囊的主要香材外，其浓郁的药香还可用于开窍安神，配上白芷还可预防感冒、芳香身体，配上辛夷则对鼻炎有很好的辅助治疗效果。

香药同源之品香药

明代医药学家倪朱谟《本草汇言》载：芎䓖上行头目，下调经水，中开郁结，血中气药也。尝为当归所使，非第治血有功，而治气亦神验也。凡散寒湿，去风气，明目疾，解头风，除胁痛，养胎前，益产后，又症瘕结聚，血闭不行，痛痒疮疡，痈疽寒热，脚弱痿痹，肿痛却步，并能治之。

楚香之香方一味

端午香囊

川芎20克，石菖蒲20克，艾草20克，白芷10克，香茅10克，辛夷10克，薄荷10克。香药切细，搓如豆大，和之。龙脑细研，后合之。入香囊内袋，有通窍安神、避疫驱瘟作用。

中医药方一味

大川芎丸

川芎500克，天麻120克。上药为末，炼蜜为丸，每30克作10丸，每服1丸，食后用茶、酒送下。主首风眩晕，及胃膈痰饮，偏正头疼，身体拘倦。

参照《黄帝素问宣明论方》

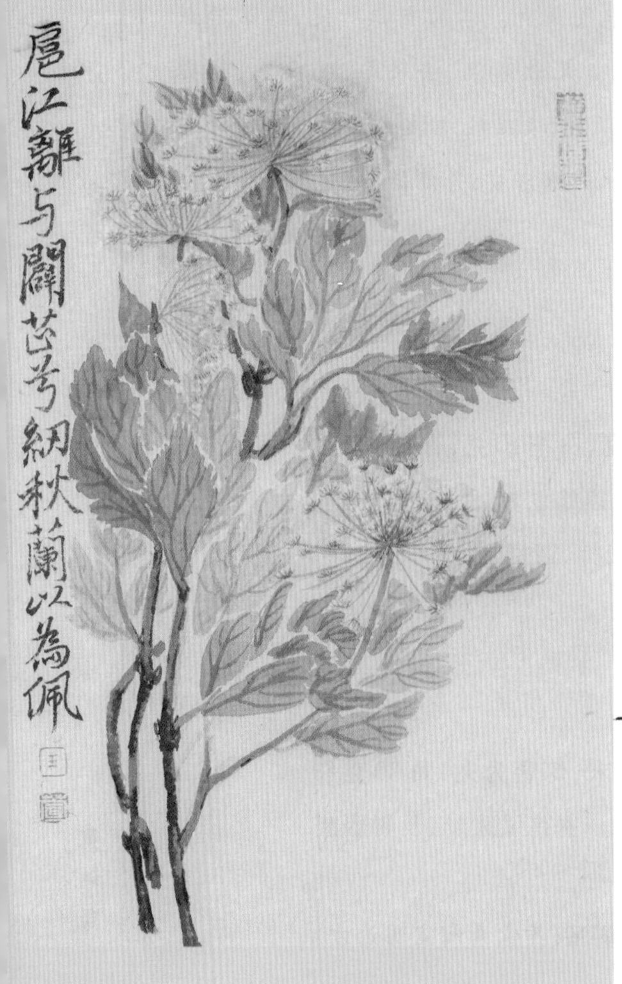

《江离》

见字如面
误以为你是诗人
吟诵原上的草
与屈子揖别入川
成了治相思的药
性温味甘入心经
行那一腔郁结的气
杜鹃啼血不止时
用泪熬了碗疗疾的膏
止得住血却止不住
日思夜想的念啊
和白芷成香
悬念于蘼芜纤细的腰

花语

江离,为伞形科植物,现名芎䓖、川芎。全株芳香,用香可取其叶,用药则取其根茎。

幽兰

户服艾以盈要兮，谓幽兰其不可佩。

摘自《离骚》

【译文】人人都把艾草挂满腰间，说幽兰不可佩带身边。

幽兰在高山空谷，寂寥于四季的残酷，是万万没有想到有一天会成为“香祖”的。这样的飞黄腾达，如果幽兰也是有情物，不知道有何等的感叹？这样的际遇的确千载难逢，如果当时的孔子正志得意满，可能不会周游列国；如果周游列国时没有途经深山，可能也不会发现空谷幽兰“不以无人而不芳”；如果途经空谷却遇兰花不发，那后面一切的一切都不可能发生。由此可见，任何一件事情的成就，蕴藏着许多看不见的因缘际会，呈现的只是看得见的结果。

话说回来，当时孔子周游列国，政治理想与抱负得不到赏识，感伤生不逢时，见空谷幽兰而借物感叹，独坐深山抚琴一首《猗兰操》（又名《幽兰操》），“习习谷风，以阴以雨。之子于归，远送于野。何彼苍天，不得其所。逍遥九州，无所定处。世人暗蔽，不知贤者。年纪逝迈，一身将老”，将内心的苦闷吟唱出来。每闻这首曲，我的耳边便是古琴声在空谷回荡的苍凉。

后来《楚辞》中，共有十五章二十四句中出现“兰”，各种场景的“兰”，虽不为同一物，但诗人的情怀却与孔子惊人的相似。再后来韩愈的《琴操十首·幽兰操》言“兰之猗猗，扬扬其香。不采而佩，于兰何伤”，使得这默默无闻的野草，名噪古今，流芳百世。

《楚辞》中的“兰”很多，信手拈来的一句是“浴兰汤兮沐芳，华采衣兮若英”。我在少小时读《九歌·云中君》，这一句是在无数的“兮”中，惊艳到我的一句。我当时就想，古人怎么可以这么浪漫，连沐浴更衣都可以如此的美。我对《楚辞》里香草的喜欢，由此一发不可收。

《楚辞》里的“幽兰”与“兰”是两种香草。兰是泽兰，菊科类；幽兰才是“芝兰生于深谷，不以无人而不芳”的兰花。兰本只是地生草本植物，因为太有名了，而被世人单列一科，名兰科。多少斗艳的植物，能像兰花这般奇葩的，屈指可数。

如此奇葩在《楚辞》里是与恶草“艾”对比出现，“户服艾以盈要兮，谓幽兰其不可佩”，说的是世人都将污臭的恶草系在腰间，却还说芬芳的兰草不值得饰佩，影射当时政局忠奸不分的悲叹。

楚香里的幽兰

幽兰，又名兰，多在山谷野生，所以有“空谷幽兰”之美誉。兰被孔子、韩愈等圣人、大学士代言后，再想深藏空谷，孤芳自赏已然不太可能。联想到“俗”字由来，是不是因兰而起呢？原本在深谷自在清净，因为被人关注，便“俗”了起来？

人往往自以为是地把自己想要表达的观点借人借物抒发出来，但凡在人间享富贵荣华，位高权重时，又有几个想归隐山林的？借兰言志，无辜了兰，空言了志，于人于物都是悲哀。

被世人追捧的兰，或盆或钵被人置于案几上，造了一处雅景，陪衬着壁檐上“室雅兰香”的匾额，为主人平添几分情致。如此这样的造作早有史料记载，在两千多年前，兰已开始被人工栽培，梅、兰、竹、菊并称“花中四君子”，可见其在人们印象中特点鲜明。

兰在文人眼里是活雅物，在医家眼里则是香药同源的一味香药，且具体到名为建兰花的兰科植物上，花朵、叶与根都具极高的药用价值。据清代赵学敏《本草纲目拾遗》记载：素心建兰花，干之可催生，除宿气，解郁。蜜渍青兰花点茶饮，调和气血，宽中醒酒。寥寥数语，将兰花的药用功效分门别类地进行了阐述。

而香家合香中所用的兰，多是泽兰、佩兰、玉兰，楚香古香方中就有一味“空谷幽兰”，是以玉兰为君，以红柏为佐合成，香气清幽，特别适合于书房静坐读书时使用，令人仿佛置身月明风清处，一杯清茶，一缕暗香，几能与仙人语。

香药同源之品香药

据宋代寇宗奭《本草衍义》载：兰草叶不香，惟花香，今江陵、鼎、澧州山谷之间颇有，山外平田即无。多生阴地，生于幽谷。叶如麦门冬而阔且韧，长及一、二尺，四时常青，花黄，中间叶上有细紫点。有春芳者为春兰，色深；秋芳者为秋兰，色淡。秋兰稍难得。

楚香之香方一味

秋水怡神香

红柏30克,玉兰30克,香茅20克,细辛10克,琥珀10克。玉兰、红柏、细辛一同入器,琥珀研细后加入,用炼蜜调和,揉捶均匀,置容器一时辰后,取出,再揉捶,再置容器封存。夏制秋用,用时可将香泥取出,搓成丸状。可用电熏炉熏用,也可用脐贴封于肚脐,香身避晦。此香甜软绵腻,适用于夏秋换季时祛湿降燥,怡情安神,对上呼吸道感染者及换季过敏性鼻炎者有一定的辅助疗愈作用。

中医药方一味

治疗百日咳

麦冬10~20克,柴胡10~20克,紫苏叶10~20克,杏仁8~20克,贝母10~20克,莱菔子10~20克,连翘10~25克,百部10~30克,枇杷叶15~30克,桔梗10~20克,生姜15~30克,太子参10~20克,白芥子10~15克;煎服,一日三次。本中药配方通过合理配伍,具有宣肺、祛痰、解表散寒、化痰止咳功效,可以有效治疗百日咳,三日为一个疗程,第一疗程可缓解咳嗽症状,3~5个疗程可以治愈,有效率为96%。

(参照一种治疗百日咳的中药配方专利,专利公开号:CN107050413A)

《幽兰》

周游列国

我将情予琴上操

君子陶陶

一曲《猗兰操》

流过楚河　载着波涛

抱负满了怀

压得灵魂出窍

奈何礼崩乐坏

试问苍天昭昭

逝者如斯

在日子里安贫乐道

年华似水

救活了快要死的仙草

一缕香魂借浮生

千年烟波芳泽浩渺

花语

幽兰，兰科植物，现名兰花。它的花语是淡泊与高雅。

蕙

余既滋兰之九畹兮，
又树蕙之百亩。

摘自《离骚》

【译文】
我已种下了九顷飘香的春兰
和百亩芳泽的秋蕙。

小时候，我很喜欢看连环画，印象深刻的多是神话。因为《精卫填海》知道了《山海经》，再由《山海经》看到楚地的山川、地理、物产，特别是香药植物、祭祀、巫医等，这些奇趣的阅读经历，更是增加了我对神秘楚文化的向往，这份好奇心直到现在，都会让我欣欣然。

因为关注楚香，所以各类经典中凡是有关楚地香草的，我都会格外留意。在《山海经》中，草木亦非草木，也是可救人的仙草，其中有这样一则记载："又西百二十里，曰浮山，多盼木，枳叶而无伤，木虫居之。有草焉，名曰薰草，麻叶而方茎，赤华而黑实，臭如蘼芜，佩之可以已疠。"这个薰草便是《楚辞》里，共有十八篇二十六句出现的"蕙"。

蕙又名薰草、罗勒、九层塔，因楚地零陵多产，又名零陵香，其全株皆芳香，能祛恶臭，人若随身佩带则全身芳香，是《楚辞》中主要的香草之一。明代李时珍《本草纲目》记载：古者烧香草以降神，故曰薰，曰蕙。薰者熏也，蕙者和也。据记载，尚巫的楚人在祭祀时，会用它沐浴熏衣，焚烧请神。

在《楚辞》中，关于蕙的场景很多，而我喜欢的这一句，让我看到了一种壮观的景象。“余既滋兰之九畹兮，又树蕙之百亩”的景象完全像一轴画卷，展开的是殷殷的期盼与请命，其蕴含的相似寓意是后来唐诗宋词中的旖旎完全不可比拟的。那一句“我已种下了九顷飘香的春兰，百亩芳泽的秋蕙”与“桃李满天下”，气势和用意已然不能相提并论。我从中可以读出两千多年前，屈原苦心经营规划，为楚国培养人才却无从报效的深深无奈之感。

蕙草在古籍中名称各异，而最为常用的名称是“零陵香”。零陵香全株芳香，古代妇女会用它制作固体的“汤丸”，形态有如现今洁肤的香皂，用于沐浴熏衣，还有妇人用蕙草浸润香油后润发，据说香胜木樨，颇受阁中小姐和夫人们偏爱。蕙草还是制作床垫与香枕的常用香材。用零陵香制作的这些生活用品，使得满屋生香，雅室如兰。可见古时楚人的生活已具相当高的品位和养生智慧。

蕙草性味甘、平，无毒。其主要的功效是治伤寒头风、眩晕痰逆、头风白屑、牙齿疼痛，具显著疗效，其最被夸大的功效则是避孕。在《本草纲目》中有这样一则关于蕙草的记载：

“节育断产。用薰草研细。每服二钱,酒送下。连续服五次,可保一年不孕。”借助这样的记载,现今各种影视剧的宫斗剧情中,蕙草与麝香都成了芳香的暗器,使得宫闱妃嫔们在连环套一般的设计中,连连中招,命运堪忧。在电视剧《如懿传》中,周迅出演的女主被算计,难以怀孕。正是这些影戏剧的推波助澜,各种香草开始进入人们的视野。

蕙草,就这样完成蜕变为零陵香的自我“超越”过程,如今再提及零陵香,少有人知道它是蕙草了。

楚香在合香中运用零陵香,多是用于冬季暖香的制作。在古代,每至冬日,万物萧索,可供人娱乐的活动不多,赏梅品香则是书香门第、富贵人家雅聚时不可或缺的活动。同时,熏香的过程能使人心生暖意,于是组香者其乐融融,品香者暖意融融。楚香暖香在组方上,除了零陵香,还会配伍一些驱寒生暖、温中助阳、可利散寒的香料调配。晚明文人董若雨就有一味“辟寒香”,名“暖玉”,是以零陵香、荔枝壳、桂枝、元参、白檀、丁香、枣膏、蜜汁配伍制成。每至寒冬腊月,将这样一枚暖香煨在手炉里,香炭与香丸互生的气息,在冬天的清冷里,升腾起独特的香气,令人身心生暖,这样的冬日区别现代生活,终是多了一些趣味。

香药同源之品香药

《本草纲目》记载:薰草芳馨,其气辛散上达,故心腹恶气齿痛鼻塞皆用之。脾胃喜芳香,芳香可以养鼻是也。多服作喘,为能耗散真气也。

楚香之香方一味

花语熏衣香

零陵香30克，藿香20克，香茅20克，蕲艾10克，白芷10克，研粗末，与檀香10克合，加龙脑少许，春夏秋冬交换季，熏衣被、房屋，利阳明安脾胃，避邪祛晦防疫。

中医香药方一味

治小儿鼻塞头热

用薰草一两，羊髓三两，慢火熬成膏，去滓，以膏揉摩背上。每天三至四次。

参照《本草纲目》

一诗一香草

《蕙》

荷衣蕙带凌波而来
为一场千年的等待
践远游之文履
一路艰辛
曳雾绡之轻裾
渐宽衣带
七步成诗里的绝色
从洛河到巫山
携香凝蔼
带一味温辛的和气
入阳明　走太阴
疏不解的情怀
佛说不可说　不可说
那就不说
用兰心留香
以蕙质留白

花语

蕙，唇形科植物，又名零陵香、薰草。花语是兰心蕙质。

留夷

畦留夷与揭车兮，杂杜衡与芳芷。

摘自《离骚》

【译文】

我在田园种了一畦留夷和一畦揭车，并在相间的垅上再种上杜衡与芳芷。

在《楚辞》中，凡出现“留夷”二字的诗句，都会让人产生联想。而最初，我并不知道“留夷”就是芍药，甚至不知道它属牡丹科，如果它们在畦上一并开放，我定分不出是牡丹还是芍药，看花总是花，也就不想再分辨了。

之所以摘录“畦留夷与揭车兮，杂杜衡与芳芷”这一句，正是因为这一句带给我强大的画面感，那一派条理清晰的花团锦簇，足以让人惊艳。我对这一句诗词的理解有两个方面：一方面是译文之意，我将留夷与揭车分垄栽种，我还在那垄边空余处，种些杜衡与芳芷；另一方面，即使是在诗词里种花，诗人都是如此的严谨，可以想象诗人的美好理想与美好情怀交织出条理分明的生活态度，这也隐喻了其政治抱负不被当权者接受，细琢磨，不由得会与王阳明的“格物致知”相对照，虽略显谨肃，但从中可以看出诗人的"慎独"竟也如此浪漫。

留夷在《广雅疏证》和《山海经·西山经》中，都被注明为芍药，各类诗词也对它进行了更为丰富的描绘。尤其值得一提的是，芍药的花语正是惜别时的依依不舍，所以古代男女告别时，会互赠芍药，因此留夷除了叫芍药，还有两个非常有诗意的名字——"将离"和"余容"。这两个名字特别有故事情节，以至于我再看芍药便会想到这两个名字，脑海里便会浮现盛唐时那"回眸一笑百媚生"的绝代佳人和那缠绵悱恻伤别离的旷古场景。所谓情深不寿，"将离"也好，"余容"也罢，终归是花无百日红，那马嵬坡凄风苦雨的生死别离，抵消了千般恩爱，万般柔情，令人感叹人世间"情为何物"，就连率土之滨莫非王臣的帝王都奈何不得！或许正是因为这些缘故，历代吟诵芍药的诗词，也是万紫千红，而在这万花丛中，我独是喜欢唐末五代十国诗人王贞白的《芍药》，诗云：

芍药承春宠，何曾羡牡丹。
麦秋能几日，谷雨只微寒。
妒态风频起，娇妆露欲残。
芙蓉浣纱伴，长恨隔波澜。

对一句楚辞的思索，竟萌发了我种花的念头：我想有一个园子，可以不大，但一定方寸有致，可以让我学着诗人那样布个花样格局，种香于畦头垅间，从此握兰怀芷，让生命的每一寸时光都因有香而芬芳，这或许是我读《楚辞》之余，最现实与当下的收获吧。

留夷即芍药。其根、茎、叶其实都没有香气,但是花朵香气浓郁。医家取其根,用于镇痉、镇痛、通经之用,特别是对妇女的腹痛、胃痉挛、眩晕等病症尤其有效。香家则取其浓郁的香气和富贵的外形,或将花瓣炮制成香料,在制一味春意盎然的合香时,辅佐君香;或将花朵插瓶,一旁再摆上几枚新鲜的佛手,无论是色泽搭配鲜艳的养眼,还是花香与果香融合的养鼻,都能为古时贵族阶层享受生活、体现身份而营造出芳香气场。

楚香的制作工艺中对芍药有一套特别的萃取法,这种方式是利用虹吸式的器皿,对肥厚花瓣进行蒸馏,这样的蒸馏并不是为了提取精油,而是提取纯露,以备作合香之用。芍药的纯露多用于制作安眠香或养颜香,其制作的工艺相对其他合香而言,稍显繁复,唯情趣所至之时,才会花上一天的时间沉浸制作,当然这样的一天对于当下的快节奏生活是奢侈的,但也是愉悦的。还有一种和香的方法是,值芍药花期,将鲜花简单炮制后直接焚熏,这样信手拈来的玩法,很被率性的文人喜欢,这种感觉有点像宋代文人苏东坡的“铜炉烧柏子,石鼎煮山药”的“柏子香”的玩法。

留夷与牡丹堪称姊妹,享用其国色天香的当然不是平常女子。清代德龄女士在《御香缥缈录》中记载,慈禧太后为了养颜益寿,喜将芍药花瓣与鸡蛋面粉混合后用油炸成薄饼食用。此外,芍药花还可用于制作芍药花羹、芍药花酒、芍药花煎等,制作方法简便,养颜又可口,楚香常用这些技法制作香食与香饮。

香药同源之品香药

留夷，牡丹科香草类植物，又名芍药，别名将离、余容，根、茎、叶无香气，花朵香气浓郁，具养血调经、柔肝止痛、收敛镇定等功效，著名的补血方“四物汤”是以川芎、当归、熟地、白芍为配方的养生汤，是治疗妇科病的常用方。

楚香之香方一味

鸾锦怡情香

檀香30克，芍药20克，丁香20克，香茅10克，蕲艾10克，当归10克。研细末，收瓷罐封存月余，取出，可于卧房直接熏用。另，用炼蜜合之，再窨月余，可置脐，日一丸，可解郁散结、温经散寒。

中医药方一味

芍药汤

芍药一两，当归半两，黄连半两，槟榔、木香、甘草（炒）各二钱，大黄三钱，黄芩半两，官桂二钱半。具有清脏腑热、清热燥湿、调气和血之功效。

参照《素问病机气宜保命集》

《留夷》

我曾经在沉香亭
佯装观棋
放狸猫搅即败的局
留君的龙颜
我曾经在百花亭
焚香设宴　伤君移情
舞台上一醉千年
原以为
羽衣霓裳天上人间
君会守旦旦誓言
却不想富贵如留夷
怎留得住柔情万千
将离君于马嵬坡
余容平添余怨
一茎花根怎解疼
悠悠畦上
怒放永世的长恨
传奇成一行诗歌
难书悲愤

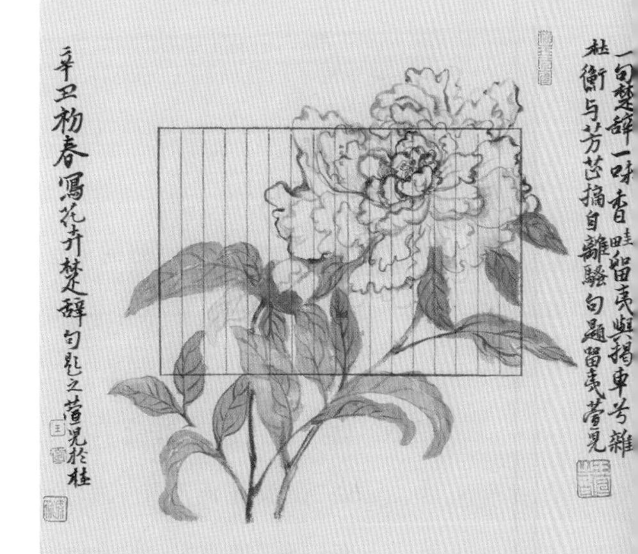

花语

留夷，牡丹科植物，又名芍药、将离、余容，花语是依依不舍。

芰荷

制芰荷以为衣兮，
集芙蓉以为裳。

摘自《离骚》

【译文】

我用菱叶和荷叶裁剪成上衣，
再用荷花织成云裳。

我对荷花最初的记忆，并不是周敦颐的《爱莲说》。当然这样的说法，在某个时段是不敢如此直接表达的，更不敢白纸黑字地写到文章里。这种感觉有点像普洱茶流行时，不说自己喜欢喝普洱就不算是茶人那样，对于荷花，如果你不会说“出淤泥而不染，濯清涟而不妖”，可能会被认为没文化。有一阵“佛系”一词流行，四处可见莲花图案的用品，为了显示修为与文化，常见有人身上穿的，手上拿的，还有桌上摆的是竞相开放各色各样的莲花。我喜欢别具一格，因此见多了荷花式的标榜，心想若身逢大唐盛世，在满是贴着梅花花钿的女子间，我会选择贴一朵荷花花钿。现在回忆这份执着，只是一笑。

我对莲花最深刻的印象，任是谁都不会想到，是因为一部动画片，这部动画片感动了我几十年，而现在则换了一副模样感动着新生代。这部动画片名叫《哪吒闹海》，现在的片名叫《哪吒之魔童降世》，据说，自2019年7月26日正式上映，至2019年底，其票房收入已突破50亿元，而我还没来得及去看。

直到现在，我都还记得《哪吒闹海》里，哪吒站在风雨中，手执利刃，满眼怨愤的泪水，对着父亲说的最后一句话："我把骨肉还给你！"在我最揪心的时候，仙鹤从天而降，衔走了哪吒的灵光。哪吒最终是在一朵莲花上重生，莲瓣为衣，藕节是肢。看见他踏着风火轮横空出世的那一刻，当时小小年纪的我对生死有了全新的认识。对于那样的一幕，年少的我想不出更好的形容词，成年后，我每想起这个场景时，脑海里便出现这句诗：制芰荷以为衣兮，集芙蓉以为裳。如果说"荷叶为衣，荷花为裳"的哪吒重生形象感动了我整个童年，那么"不吾知其亦已兮，敬余情其信芳"则在我后来的成长中给予了我更多的精神力量。

生命的过程是多层次、多维度的，每个维度都有每个维度的呈现，那内化于心的品格修为有几人能懂呢？诗人的这一句"没有人了解我也就罢了，我会一直保持内心的馥郁芳香"，又何尝不是一种不屈的坚持呢？屈原与哪吒的这种坚持，影射的落差，即使穿越千年，仍旧在那里，如此，我再读《离骚》时，已然不仅是读一部文学作品，再看《哪吒闹海》时，亦不只是看一个神话了。

楚香里的芰荷

芰是菱角，荷是荷花，两味香出现在一句词里，使得人们时常忽略了芰而只记住荷。据文献记载，周朝时，菱角是祭祀中的祭品，究其原因，不得而知。唐代温庭筠见人坐船东归带来菱角，写了一句诗“飘然篷艇东归客，尽日相看忆楚乡”，小小菱角温情满满，令人口齿生津。

因菱角性大寒，所以在楚香中多与薄荷为伍，用于大暑节气时熏香解暑。楚香制作使用菱角时，主要取它的壳，制作方法是将吃过的菱角壳晾干透，用石磨细研成粉，再与其他植物配伍。这种做法与宋代和清代流行的“四弃香”相似。四弃香用一些有芬芳之气的植物皮核制成香，不仅文人用其表达清雅脱俗，更有富贵之家借着好奇之心以示俭德。

荷花在楚香的制作中，最讲究道地，洪湖莲花瓣肥叶厚，花清香，味青涩，在炮制过程中除涩留香，需要一些工夫。荷花香的楚香古法制作讲究时辰与过程，如果严格遵循古法，则应辰时采荷，申时择瓣，用蔷薇水浸至酉时，再用荷叶包裹至次日，晾干，研末，合以红柏、香薷、金钱草、囊香、冬瓜皮、佩兰、龙脑等，可直接无烟熏香；若制成线香，可置于客厅、书房、办公室，益智醒神；用白及或石斛为黏粉制成香珠，佩于手腕或项颈，则是隐形的防暑神器；用炼蜜制成香丸，置于脐，则是可以消暑、瘦身、香身的有趣又方便的香品。

香药同源之品香药

芰是菱角，荷是荷花。芰荷是《楚辞》里多处出现的以物寓情的香草植物，表达的是文人的高贵品质与洁身自爱。楚香中，常以菱、荷，佐以清热去火的香药材，制成香品，在盛夏化暑气，作祛浊醒神之用。

楚香之香方一味

香菱安脾香

檀香40克，菱角壳30克，山楂10克，陈皮10克，香茅10克。将老菱角壳晾干研末，与檀香先合，以化寒凉，再加入薄荷、陈皮与山楂，以炼蜜制成脐丸，或直接熏用，对脾胃不调者有顺气安养之作用。

中医药方一味

菱角粥

菱角30克、粳米50克。将老菱角壳晒干磨细，将粳米煮至八分熟，再加菱角粉同煮至黏稠状。对胃病患者效果显著，对胃癌、食道癌、肺癌有辅助疗效。

参照《中国中医秘方大全》

《芰荷》

把菱角当芭蕾的舞鞋
用荷叶做百褶的裙边
几瓣嫣红是半开的帷幕
露珠是镜头晶莹的眼
几千年的楚王
一握盈盈的细腰
亭亭的舞女
在田田的叶上妖娆
有容的花姿
是率土之滨的丽质
那一渠的浊污
不染洁来洁去的流水
映一轮月明风高

花语

芰荷，指的是菱角的叶子和荷花的叶子，花语是锋芒初露、坚贞与纯洁。

杜衡

芷葺兮荷屋，
缭之兮杜衡。
合百草兮实庭，
建芳馨兮庑门。

摘自《九歌·湘夫人》

【译文】

荷叶的屋顶覆盖芷草，杜衡缠绕屋子的四方。
汇集各种花草布满庭院啊，芬芳馥郁的花儿布满门廊。

小的时候，我最喜欢玩的是过家家的游戏，那是模拟大人的生活，渴望长大的缩影。有一年暑假我去乡下姨奶奶家，无意中发现一间废弃的小草棚，或许曾经住过鸡或狗。我却如获至宝般的惊喜，仿佛终于拥有了属于自己的小家，忙着去采了荷叶盖在小屋顶上，又摘了许多易活的太阳花种在小草棚的周围。夏日的农家小院房前屋后都有栀子花，我采了一堆用一碗清水养着，放进小草棚。到了夜晚，怕黑的我甚至去捉萤火虫，放进四个小瓶子里，挂在小棚子的四角。就这样忙活了许久，小屋子焕然一新并香气四溢。每天清晨，我会踩着露水，搬个小竹椅坐在小屋子旁边，守着自己香香的小家，幻想着自己变成拇指姑娘，住了进去。

假期结束后去上学，我内心对那间小草棚的眷念持续了很长时间。老师布置命题作文《我的理想》，很多同学的理想是做医生、科学家、航天员，我的理想却是在山上有一间玻璃做的房子，周围满是鲜花，晚上可以透过开满的鲜花看月亮星星。

我理想的住所在《九歌·湘夫人》里出现了，“这是用白芷修葺用荷叶作帷幄的香房，到处缠绕杜衡芬芳的香草，庭院深深处布满了百花鲜草，芳香馥郁满回廊”。当然这不是给我的拇指姑娘住的，而是给湘夫人住的香房。如果一定要找个现实版的参照物，曾经在朋友圈被刷爆的舞蹈家杨丽萍的花园，应该有几分相似，可是她的花园满是鲜艳的玫瑰，看不到杜衡之类的香草，在我看来少了几分幽香。

在《楚辞》中，杜衡是与蕙、兰、芷相提并论、令身芳洁的香草，诗人借香寄情，有多篇提到它，可见杜衡是诗人钟情的香草之一。

楚香里的杜衡

苏轼写过一篇《沉香山子赋》，其中有一句“杜衡带屈，菖蒲荐文”，相对屈原的理想主义，苏轼将杜衡进行了更为理性的描绘，其主要目的是衬托沉香，也中肯地将杜衡的药性进行了分析，用现代的语言解释，就是杜衡是处方药，需遵医嘱。事实也是这样。《本草纲目》这样记载“杜衡”：杜衡则无毒，不吐人，功虽不及细辛，而亦能散风寒，下气消痰，行水破血也。杜衡味辛、温，无毒，主治风寒咳逆，但杜衡含有黄樟醚，过量食用可能会对人的中枢神经和肝、肾有损害，并可能出现类似磷中毒的症状，因此杜衡的用量是要遵医嘱的。

在楚香中，杜衡与夜交藤等配伍，在子时合料，辰时入窖，是非常好闻的安眠香，调合炼蜜，夜熏，温润甜美，神定魄安。

香药同源之品香药

《唐本草》记载：杜衡叶似葵，形如马蹄，故俗云马蹄香。生山之阴，水泽下湿地，根似细辛、白前等。今俗以及己代之，谬矣。及己独茎，茎端四叶，叶间白花，殊无芳气；有毒，服之令人吐，惟疗疮疥，不可乱杜衡也。

传说中，杜衡是天帝山上的仙草，马吃了可一日千里，人吃了可消肿瘿。因其富含丁香酚与黄樟醚，在楚香合方中，杜衡可薰衣也可助眠。相对而言，它作为古代迷药的故事，更具戏剧性。

楚香之香方一味

忘忧宁神香

青木香30克，玫瑰20克，沉香10克，夜交藤10克，杜衡10克，远志10克，琥珀10克（勿研）。研细末和匀，再加少许香茅调合，筛，加黏粉揉香泥，可制成线香，于睡前两小时在卧房焚熏。也可制成香牌，随身佩带，有怡情、化郁、避邪之作用。

中医药方一味

黑马蹄香散

治哮。处方：马蹄香（焙干），研为细末。每服二三钱，如正发时，用淡醋调下，少时刻吐出痰涎为效。

参照《普济方》

芷葺兮荷屋
繚之兮杜衡
合百草兮實庭
建芳馨兮廡門
萱儿

《杜衡》

为了等你路过
我把自己低到尘埃里
贴着地　长成草
空守一岁一枯荣的寂寥
仰望花容
却不愿意长成花
怕被你错过花开正好
我宁愿就这样
守着青春不老
将叶片换成马蹄
只等到你策马而过
在歇脚的驿站
用痴情做香药
从捅破的纸窗吹进去
将你迷倒

花语

杜衡，马兜铃科植物，又名楚衡、马蹄香，花语是“踏马归来”。

杜若

山中人兮芳杜若，
饮石泉兮荫松柏。

摘自《九歌·山鬼》

【译文】
山中人儿就像芬芳杜若，
石泉口中饮松柏头上遮。

我曾经在《文心雕龙·辨骚》里读到这样一句对《楚辞》的评语："故才高者菀其鸿裁，中巧者猎其艳辞，吟讽者衔其山川，童蒙者拾其香草。"其意是指《楚辞》的气象恢宏，然因词句奥妙难解，几千年来不同读者对《楚辞》的理解程度不同，而我是处在童蒙状态，在字里行间遥品香草。《易经》中，有一个"蒙"卦，是由山水组成的，所以当我读到"山中人兮芳杜若，饮石泉兮荫松柏"这一句时，马上对标《文心雕龙》中的评语，发现凡事不要弄那么清楚，"蒙"一点倒真的能让身心栖于山水间，如诗中描绘的那样"与山中像芬芳杜若的香美人相伴，摘松柏遮阴凉，去石泉口中饮甘泉"，这样的生活仅凭想象就令人心生向往。特别是近几年，隐居生活成了财富自由后的理想，遥望那些看透繁华落尽的隐居者，于山林间筑几间木房，庭前院后满是香草鲜花，我眼前不禁浮现诗中极具画面感的这一句，就会不由自主地联想，诗人当时是在一种什么样的状态下，写出如此超现实的诗句？让这样一段文字跨越千年，依旧有如高士处江湖之远的芳香，如隐者栖松柏之荫的悠闲，这不仅是一种状态，更是一种情致。

杜若与杜衡一字之差，仿佛是孪生兄妹，然杜若属姜科，植株皆香，也有医典载杜若为鸭跖草科，可见同名异类，在植物中也是常见。我喜欢以拟人的方式来解读杜衡与杜若，杜衡辛香，杜若甜辣，虽气息各不相同，若将它们视为“兄妹”相关联，顿时觉得草木有情，格外生动，并透着有温度的香气。

楚香里的杜若

杜若与豆蔻、山姜都属姜科，香气透着一股年轻的热情，仿佛刚出浴的邻家女孩，与你迎面相逢，那股温香会让你如沐春风。在《楚辞》中，它常与蕙、桂等香草木一起出现，且有多篇写到它，说明诗人对它的钟爱。后来，杜若因与鸭跖草科的杜若易混淆，且药典有记载“大者为姜，细者为若”，所以在楚香的运用中，杜若即是高良姜，或许是因为杜若这个名字与高良姜相比，温婉而有品位，所以一直延续了下来。

杜若性味辛、热，归脾、胃经。最为突出的特点是性味辛热，因此在药用方面有温胃散寒、行气消食，缓解脘腹寒痛等作用。在楚香配伍香方中，杜若常配伍肉桂、花椒等，如此可作厨房调料，再合青木香与桂花，则是一款令人心旷神怡的暖香。若在数九寒冬，正好屋里有盆炭火，烤几枚橙或桔，水果香与杜若暖香在空中交汇，那是多么的美妙！

香药同源之品香药

杜若，现名高良姜，《本草纲目》记载：高良姜辛，大温，无毒。健脾胃，宽噎嗝，破冷癖，除瘴疟。

楚香之香方一味

若水暖脾香

青木香40克，高良姜30克，香附子10克，桂花10克，香茅草10克。高良姜用酒泡一夜，焙干，研细，与其他香材按顺序调合，依次加入青木香、桂花、香茅草、香附子。楠木黏粉中加入三分之一白及，调少许姜汁及净水合香，可制成线香于餐后熏，具散虚寒、安脾胃、养心神之效。

中医药方一味

高良姜汤

高良姜15克，厚朴6克，当归、桂心各9克，上药哎咀。温里散寒，下气行滞。治心腹突然绞痛如刺、两胁支满烦闷不可忍。

参照《备急千金要方》

《杜若》

不要以为名“若”的我

就真的柔若似水

藏在深闺里

豢养的只是外表的纤弱

名为“衡”的孪生兄长

才是温馨的君子

迷人只在呼吸之间

我左手拈花

右手持剑

呵气如兰斩情丝万千

从此草木无情

遗世独立于峰巅

伫远凝望

在水一方的佳人

细说往事旖旎

在别人的故事里

泪流满面

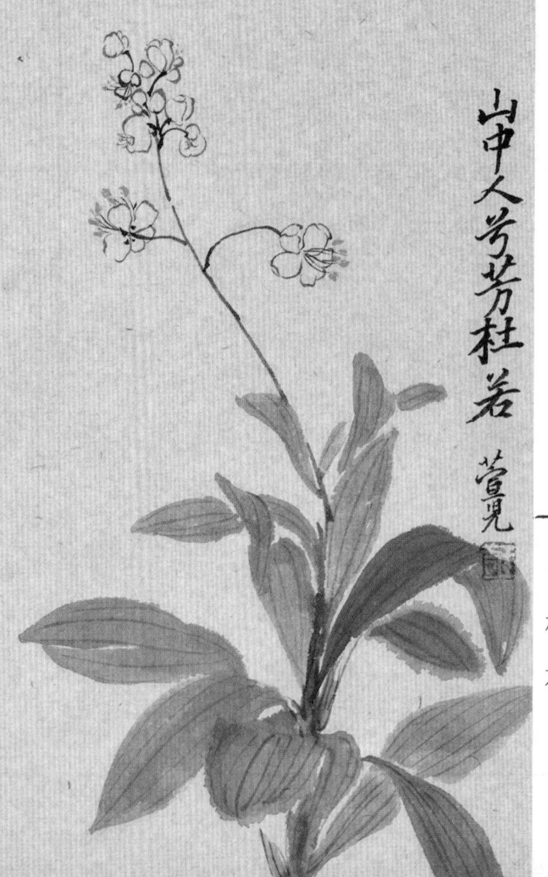

花语

杜若，姜科类植物，别名高良姜，花语是幸运与幸福。

菊

朝饮木兰之坠露兮，
夕餐秋菊之落英。

摘自《离骚》

【译文】
早晨我饮木兰上的露滴，
晚上我用菊花残瓣充饥。

我时常觉得几千年前的楚地仿佛不是凡间，那充满浪漫的神话色彩，可从《山海经》中略见一斑，那时人神共舞，人神对话，可从《逍遥游》中窥其恢宏，鸟飞万里，人活千年。我再读《离骚》中"朝饮木兰之坠露兮，夕餐秋菊之落英"时，不再惊讶，只会感叹那时的人真是仙子，都不用吃饭。这使我想起庄子的《惠子相梁》中著名的典故"南方有鸟，其名为鹓鶵，子知之乎？夫鹓鶵发于南海，而飞于北海，非梧桐不止，非练实不食，非醴泉不饮"。古代文学描绘中的楚国，正是这样一块神奇的土地，飞鸟如此，人亦何哉？这种自然的天性，让后世许多人心向往之。我认为楚辞之代表《离骚》全诗不是在述说，而是在表达一种终极状态。

我认为菊在《楚辞》里出现时还不是"隐士"的象征，后来者周敦颐在《爱莲说》中将其视作花中隐者，并推陶渊明为代言人，菊的“隐士”象征从此名噪天下。在许多关于菊的耳熟能详的传闻中，大多借了它独秀于百花凋零之后的场景进行咏叹，多是消极中的励志。人生得意时的篇章，竟少见菊的身影，可见世间草木鱼虫，都是人设的道具场景。再看《楚辞》对中国文化的影响，除了那些咏叹笔墨，甚至还影响了一些民俗的形成和发展，在清明时节雨纷纷中，那遍地的菊花则是人们对先祖的祭奠。用菊花祭祀这一习俗出自何处？我在《楚辞》中读到了线索，《九歌·礼魂》提到“春兰兮秋菊，长无绝兮终古”，似乎正是对一个祭祀场景的记载，具体依据无从考证，只是我个人的一点猜想罢了。

楚香里的菊

我对“夕餐秋菊之落英”有了更深层次的理解，是从《楚辞章句疏证》读到的，“英，华也。言己旦饮香木之坠露，吸正阳之津液；暮食芳菊之落华，吞正阴之精蕊，动以香净，自润泽也”，是诗人以菊食养生；“取其芳洁，以合己之德”（宋代吴仁杰《离骚草木疏·菊》），是诗人以菊香养德。魏文帝曹丕云“至于芳菊，纷然独荣。非夫含乾坤之纯和，体芬芳之淑气，孰能如此？故屈平悲冉冉之将老，思飧秋菊之落英，辅体延年，莫斯之贵”（《与钟繇书》），可见菊花还是延年益寿的妙品。

在楚香配伍中，菊花是秋季最常用的香药之一，几乎每款秋香中都会加上它平衡香之辛燥，在白露节气前后，以桂花、琥珀、菊花、龙脑调一味香，可滋阴益气，润肺降燥。在楚香的香饮配方中，每值深秋，采白菊花，与香茅、枸杞、决明子隔水焖蒸，捣烂，和曲酿米酒，对头晕眼花、肺虚气躁有明显的疗效，也是非常好喝的香饮。我少时每见大人如此炮制菊花米酒，几乎是掰着手指数窖期，盼星星盼月亮，等到那扑鼻香的菊花酒出窖，那一口的香甜，任何时候想起，都会唇齿生津，可惜现代生活习惯速食，哪里还有这样子的耐心？

菊花有降火作用，除了可以制作这些令人垂涎欲滴的香食之外。民间还有用菊花与决明子配伍制作香枕的习俗，宋代诗人陆游曾在《示村医》中写道："衫袖氍橙清鼻观，枕囊贮菊愈头风。"菊花便是这样高雅可上厅堂，实用可做枕囊的奇葩。

香药同源之品香药

菊，虽还被称作女节、女华、傅延年等，但古今皆普遍称菊。本是平常的植物，因文人雅士的偏爱歌咏，独成一科，独树一帜，也算是植物中的奇葩。菊既可观赏，又可入药，明代缪希雍《神农本草经疏》记载：菊花专制风木，故为祛风之要药。苦可泻热，甘能益血。甘可解毒，平则兼辛，故亦散结。苦入心、小肠，甘入脾胃，平辛走肝胆，兼入肺与大肠。清代徐大椿《神农本草经百种录》记载：凡芳香之物，皆能治头目肌表之疾。但香则无不辛燥者，惟菊得天地秋金清肃之气，而不甚燥烈，故于头目风火之疾，尤宜焉。正是"惟菊不燥"，在楚香配伍中，菊常与薄荷、桔梗、甘草等为伍，制成粉、丸，可熏，调炼蜜做成脐丸，可滋阴降火瘦身，自带暗香。

楚香之香方一味

霜蕊楚香枕

菊花50克，决明子20克，香茅草30克，荞麦100克，炙甘草少量。菊花选白菊花，在秋霜后摘取，秋风中晾干，清去杂质。配好香材装枕囊即可，有清目醒神、疏散风热、清热解毒、平抚肝阳之功效。

中医药方一味

桑菊饮

桑叶7.5克，菊花3克，苦桔梗6克，连翘5克，杏仁6克，薄荷2.5克，苇根6克，甘草2.5克。辛凉解表，疏风清热，宣肺止咳。主治风温初起，咳嗽，身热不甚，口微渴，苔薄白，脉浮数。

参照《温病条辨》

《菊》

如果说陶渊明
采菊东篱是一道风景
他的隐居却有难言的隐情
桃花源是最美的幽匿
难言的是不愿诉说的衷情
第一眼看见你
我以为坐着扁舟误入桃林
四周喧嚣
独有属于你的恬静
这仿佛是电影的蒙太奇
定格出这般鲜明的场景
人淡如菊
是清冷时孤寂的绽放
抱香而眠
是灿烂后华丽的落英
临川河　观流经
如菊，是如不动的心

花语

菊，菊科植物，菊的品种繁多，花语也各别，而我独喜黄菊与白菊的花语，那便是追忆。

三秀

采三秀兮于山间，
石磊磊兮葛蔓蔓。

摘自《九歌·山鬼》

【译文】
我去山间采摘驻颜的灵芝仙草，
我在岩石葛藤间徘徊思念。

如果说灵芝的另一个名字是“三秀”，我总觉得那一定是一个笔误，被人们奉为仙草的它，是否叫“山秀”更妥帖呢？当然，这只是我脑海里一晃而过的念头，“三秀”依旧在《楚辞》里，而灵芝依旧是人们心目中的灵草，是药铺里的贵重保健药材。

对于灵芝的记忆，回忆起来我还颇有点不好意思。年少的时候，我特别钟爱袖珍的小玩意。一次去长辈家，我见桌上放着一枚非常精致的小蘑菇，实在是喜欢，顺手摸进了自己的口袋。回到家被父母发现，父母对我好一顿责罚，并一再强调“小时偷针，大时偷金”，年幼的我不能理解这是一句警句，而是当成因果定律，以为拿了这小玩意儿，长大了就一定会成为偷金的“大强盗”，为此，我哭嚎得痛不欲生。

再后来，我陪外婆看京剧《盗仙草》，见白娘子为救夫，手持青锋剑上昆仑山去盗灵芝仙草，被鹤鹿二仙打得半死，无论是盗还是抢，终是未得手。幸亏南极仙翁好心相赠，否则她的凡人夫君救不活了，还得搭上她千年的修为，想着都觉得不值。而爱情又不是在值得与不值得中讨价还价，神仙都把持不住，何况凡夫俗子？

灵芝，充满了神秘浪漫色彩，以至于我在成长的过程中，格外偏爱灵芝形状的各种器皿，并收罗了许多，只是这些貌似灵芝的物件并不是灵芝，人们借它们寄予了无限的愿望，将它们定义成"如意"的吉祥物，仿佛西方传说里的"金手指"。那点石成金的"金手指"，世人都想拥有，对于这样的企图，东方人不如西方人来得直接，婉转地将如意作为文殊菩萨手里的法器，婉转地隐喻万事皆如意，岂是点石成金那般的直接与简单。

灵芝就这样，出现在我记忆的仙界里，在传说的文字里。如果单看《九歌·山鬼》中的这一句"采三秀兮于山间，石磊磊兮葛蔓蔓"，容易断章取义理解为一个采摘过程，但看前后关联，竟会读出情意绵绵的哀叹，如斯"留灵修兮憺忘归，岁即晏兮孰华予。采三秀兮于山间，石磊磊兮葛蔓蔓。怨公子兮怅忘归，君思我兮不得闲"。意思是"想留下你不忍归去，年华渐老，唯有你方使我永葆容华。我去山间采摘驻颜的灵芝仙草，我在岩石葛藤间徘徊思念。心里满是怨嗔惆怅忘归，或许你也在想我，只是没有空闲来与我相会"。每读至此，我脑海里顿时浮现元好问《摸鱼儿·雁丘词》中那句"问世间情为何物，只教人生死相许"。我不禁想问，怎样的"情"会使人神动容呢？

被古人视作仙草的灵芝，在传说中是“一岁三华”，故有“三秀”之称，若真由着我称之为“山秀”，估计才是真正的笔误了。《神农本草经》将灵芝奉为“瑞草”，谓其可养命应天，多服久服而无伤。李时珍不盲目地推崇灵芝，提出独到的见解，认为“芝乃腐朽余气所生，正如人生瘤赘。而古今皆以为瑞草，又云服食可仙，诚为迂谬”。但是不管怎么说，能从腐朽里一岁三华地生出这般生物，真是化腐朽为神奇，因此我宁愿相信这灵芝就是可以久服的瑞草。

我考究历代的香方，发现几乎没有用灵芝入香的，除了灵芝稀少难得之外，更主要的原因是其仅含微量的芳香醇，几乎没有香气。楚香将灵芝作为润香之用，在调和安神补气的香药和降燥润肺的秋香时，都会将灵芝作为非常重要的香药，灵芝除了润香之外，也可用来平衡气浓味烈的合香方。

香药同源之品香药

灵芝，性味甘平，归肺、肝、肾经，有补气安神、止咳平喘之用，因其味平无香，楚香合香中虚添一味以缓味烈之香，平衡香之辛燥，在秋香中常与菊配伍，润肺降燥，滋养身心。

楚香之香方一味

归元宁神香

沉香30克，玄参20克，百合20克，当归10克，香茅10克，琥珀5克，灵芝5克。研末调合，琥珀与灵芝另研，后入。可直接熏用香粉，也可制成香丸，隔火熏或置脐。此香香气偏药香，具养心、安神、护肾之功效。

中医药方一味

紫灵丸

紫芝一两半，山芋（焙）、天雄（炮，去皮）、柏子仁（炒）、巴戟天（去心）、白茯苓（去皮）、枳实（去瓤，麸炒）各三钱五分，生地黄（焙）、麦门冬（去心，焙）、五味子（炒）、半夏（制，炒）、附子（炒，去皮）、牡丹皮、人参各七钱五分，远志（去心）、蓼实各二钱五分，瓜子仁（炒）、泽泻各五钱，为末，炼蜜为丸（梧桐子大）。每服十五丸，渐至三十九丸，温酒下，日三服。可治虚劳短气、胸胁苦伤、手足逆冷、烦躁口干等。

参照《本草纲目》

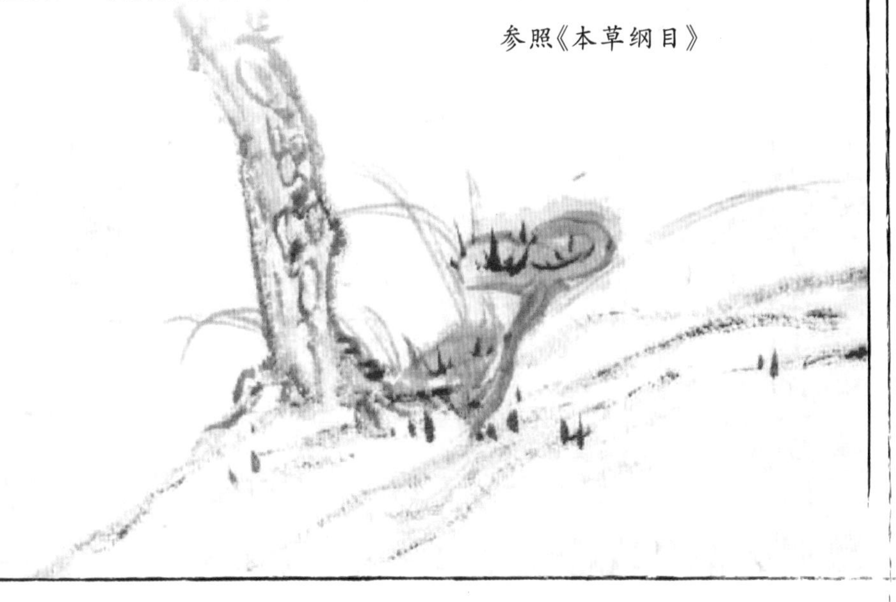

一诗一香草

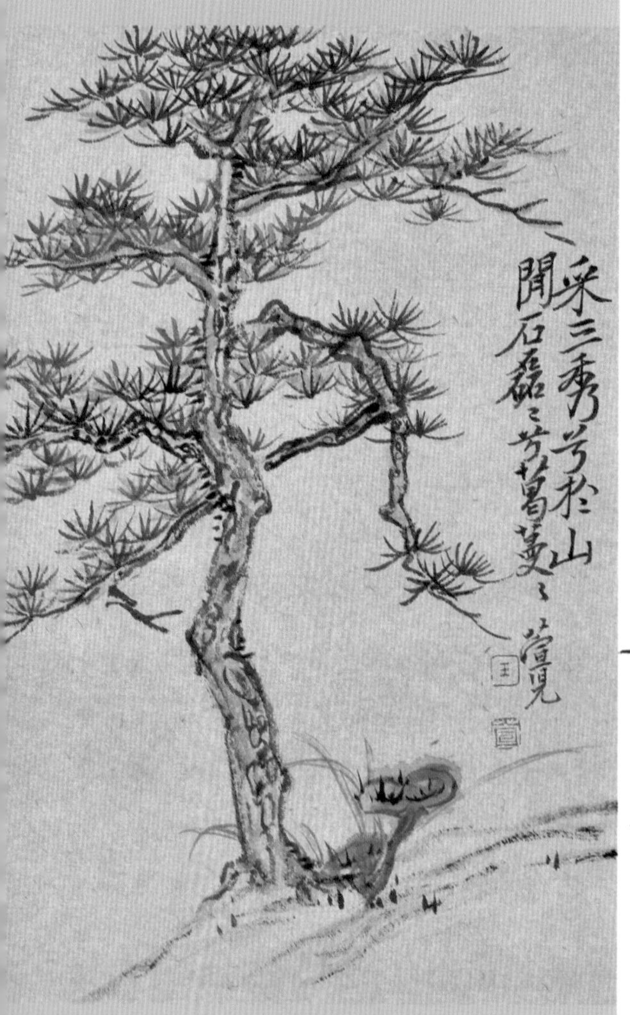

《三秀》

曾经的沧海算什么
那只是一句口头的爱情
誓言从来都等不到海枯石烂
情到深处即不见踪影
一句蛊惑便让爱彰显原形
昆仑山顶的仙草
只为死去的爱救命
巴山夜雨剪烛的璧人
除却巫山都是过眼的烟云
有情恼无情
谁会为死去的爱守灵
古戏里屈死的白蛇
用苦修千年的道行换仙汤
怎救活已死的人心
人生不过百年
却总要许千年的愿景
借灵芝做道具假戏演虚情

花语

三秀，多孔菌科植物，今名灵芝、赤芝，花语是吉祥如意。

木兰

梼木兰以矫蕙兮，
糳申椒以为粮。
播江离与滋菊兮，
愿春日以为糗芳
摘自《九章·惜诵》

【译文】
捣碎木兰揉碎蕙草啊，舂碎申椒做干粮。
再播种下江离栽上菊花啊，待到春天做成干粮芬芳。

在武汉，木兰被称为玉兰，大概是因为花色洁白如玉吧，广玉兰也被称为玉兰，香气稍逊，形质有点像木棉。二者如孪生兄妹，一个热情似火，一个素净如雪。

木兰和广玉兰在我心目中仿佛为一物：有香的玉兰，是夏季街头巷尾流动的香水；玉树临风的广玉兰是形象代言人。我家的窗前正好有一株广玉兰，每至春夏都会恣意盛开，似乎要将整个季节的繁华尽现于我眼前，衬在窗外如装帧精美的风景画。小小的玉兰花虽不那么养眼，但我总是抵挡不住它们的清香，每见老太太手挽花篮，游走路边，我都会买上两朵，置书案、别衣襟，任由那淡淡的香味四处弥漫。累了乏了，就深吸一口，感觉香气由鼻子入五脏六腑。所谓沁人心脾，不过如此吧！

我喜欢将有香的花瓣夹在书里，佯装一下“书香门第”。油然而生想看书的心情，是被文字吸引，还是因花香不舍？不得而知。有时，我合上书后又忍不住重新打开，发觉手留余香，便是连手也不愿意洗了。

一日驾车外出，我买了一串玉兰挂在车里，那纤细的花瓣，像是玉簪上的吊坠，在我眼睛余光处悠悠地晃动，我顿觉时光如玉，悠然宜人。

到达目的地，因无树荫，我只好将车暴晒于烈日下。事毕，待我再次回到车里，整个车厢满是幽香，可惜酷暑逼人，短短时间，那原本鲜活的花瓣竟已枯萎，唯香犹存，弥久不散。我似乎感受到它在生命即将走到终点时拼尽全力的绽放、极尽绚烂的决绝。

《楚辞》中关于木兰的诗句有十多处，句句芳香四溢，而我最喜欢的诗句与饮食有关，《离骚》中那一句“朝饮木兰之坠露兮，夕餐秋菊之落英”，使我想起少小时，常去屋前院后采美人蕉，食如甘饴。那一句“梼木兰以矫蕙兮，糳申椒以为粮”，使我想起儿时的初春，母亲采来野菜为我做的春饼，思之如春。看来香草不仅能养鼻，更是能养胃，对于一个孩子，对口里滋味的回忆总是大过鼻息的。

西汉王逸在《楚辞章句》里注释“言已旦起升山采木兰，上事太阳，承天度也”以及“木兰去皮不死，宿莽遇冬不枯”。在这样的解释里，木兰刚直俊朗的性情与玉兰花的阴柔秀美相融合。难怪那个刚柔相济的奇女子，以花木兰为名。

木兰一直是我特别钟爱的香草,它的香是天然得恰到好处,犹如先秦时期宋玉在《登徒子好色赋》中言美人:“天下之佳人莫若楚国…增之一分则太长,减之一分则太短…著粉则太白,施朱则太赤…嫣然一笑,惑阳城,迷下蔡。”我愿意如此地断章取义,不尽是夸张,纵观《楚辞》之外文学作品,还会发现木兰除了是香花,也是香材。南朝祖冲之《述异记》记载“昔吴王阖闾植木兰于此,用构宫殿”,可见书中的木兰竟是参天的乔木;而那一句“兰舟催发,执手相看泪眼”又曾是多少痴情人的写照。

李时珍在《本草纲目》里如是阐述木兰:木兰即木莲,其香如兰,其花如莲,性味辛温甘平,主治伤食不化,邪结气恶,利九窍,常欲眠睡。

木兰在楚香配伍中,因其气甜味平,可与多种香草花木为伍,仿佛善解人意的美女,无论与谁相处,都如沐春风。楚香的经典合香方中,有方以玉兰为使,配以桂茅,伍以檀沉,无论制线香还是空熏,如临空谷,如逢春草新雨时,香润鼻息,神清气爽。

香药同源之品香药

木兰,又名玉兰,富含柠檬醛、丁香油酚,性味温辛,香气馥郁,具有祛风散寒、宣肺通鼻之功效。现代药理学研究表明,玉兰花对常见皮肤病有疗愈作用。在楚香配伍中,木兰可与众多草木花香为伍,独不可与细辛合。

楚香之香方一味

兰馨清欢香

沉香40克，玉兰30克，檀香20克，香茅10克。先将檀香、沉香调合，再合玉兰、香茅，先静置一日，再取出，调以炼蜜，置熏炉，喝茶休闲时品用，气息旷远，使人如身处幽谷清欢，居兰室芳馨。

中医药方一味

黄芪木兰散

黄芪60克，木兰30克，研末，每服方寸匕，以酒送下，每日三次。主治酒疸、心中懊憹、足胫满、小便黄、面发赤斑等。

参照《肘后备急方》

《木兰》

擎着白色的火炬

与木棉相映生辉

火热借着鲜艳

凝结成素净的白

心事发酵如深巷的酒

阵阵袭人却是酒不醉人

无非是借酒装醉

木兰的戎装遮住了

女儿的玲珑心

许多的假象终有一天

会对镜帖花黄

花有花千般的模样

而有趣的花魂从来都不一样

花语

木兰，为木兰科植物，又称玉兰、木莲，花语是忠贞不渝。

梧桐

皇天平分四时兮，
窃独悲此凛秋。
白露既下百草兮，
奄离披此梧楸。

摘自《九辩》

【译文】

老天平分春夏秋冬四季，独有这凄冷的秋天让我悲伤。
冰凉的露水降落在百草之上，一时间桐楸树都纷纷凋零。

风雨乍来，一夜成秋，最明显的就是满地的梧桐叶。于是，夏成了故事，秋成了风景。《楚辞》中最悲天悯人的诗句应该就是宋玉的这一句"皇天平分四时兮，窃独悲此凛秋。白露既下百草兮，奄离披此梧楸"，感叹老天平分春夏秋冬四季，自己却是独自悲秋，见露珠落百草，叹梧桐楸木凋零。秋天就是这样，落花无情，伤人有意，再加梧桐更兼细雨，到黄昏，点点滴滴。这次第，怎一个愁字了得。

纵观诗词歌赋，信手就能拈出几篇借梧桐抒情的。"无言独上西楼，月如钩。寂寞梧桐深院锁清秋"。囚禁中的南唐帝王，借景抒情，清冷的月光照着光秃的梧桐树，平添了院中人的愁怨。

"梧桐树，三更雨。不道离情正苦。一叶叶，一声声，空阶滴到明。”雨滴敲打梧桐树叶，缠绵的雨声，如泣如诉，一叶叶，一声声，响在耳畔滴在心田，更让人孤单凄凉。

“草际鸣蛩。惊落梧桐。正人间、天上愁浓。”文采斐然的李清照更是借景高手，梧桐、菊花，象征着她国破家散、饱经忧患的哀愁。

就连用梧桐制作出来的琴，也不离愁苦之情。三国时王粲在《七哀诗》中说：“独夜不能寐，摄衣起抚琴。丝桐感人情，为我发悲音。”梧桐木制作的琴，在这里似乎成了诗人的知己，感其人情，发其悲音。

在我很小的时候，家里住平房，门前就有几棵梧桐树。夏天，一阵阵急雨铺天盖地倾泻下来，雨点打在茂密的梧桐树上，树叶就像调皮儿童的小手不停颤抖，十分有趣。到了晚上，睡在竹床上，雨滴落在叶子上的滴答声，仿佛母亲温柔的催眠曲，伴我入眠。

在那个少不谙事的年纪，我哪里识得愁滋味，只知道梧桐春季吐新芽，夏季开紫白色花，秋季叶黄，冬季叶落。季节更替，变化不同。我最喜欢坐在梧桐树下，挑一片完整的叶子，夹在书扉，弥久还可见其清晰的脉络，仿佛记录着一路走过的时光。

成年后，我时常会路过一条长长的梧桐道，远远望去，那么幽深、宁静。每逢初秋，阳光在缝隙中闪烁，风一吹，满眼落叶飞舞，沙沙作响，干净清脆。一辆车飞驰过去，它们也跟随着追几步。不一会儿，地上就铺满了金黄色的“地毯”，给即将到来的深秋提前涂上一抹暖色。

其实，这样的景象在武汉随处可见。在汉口的老租界，红砖尖顶，安静的马路，繁茂的梧桐，那被岁月洗礼过的一树斑驳……

楚香里的梧桐

不知道为什么，我总觉得自己是一棵孤独的树，因此很早以前，我曾在网络平台上为自己写了这样一句留言：只为你怜惜的一顾，我宁愿是棵安静的树。这句留言被自己因境况的各种变迁而改写成各种励志鸡汤句。原句在网上早已不见踪迹，却总是在我内心寂静时，冷不丁地冒了出来。

我要做的那棵树，便是梧桐。我独独喜欢梧桐，与钟爱凤凰有关。相传梧桐树百鸟不敢栖，唯凤凰非梧桐不栖。我没有去强调自己有多高大的志向，每有人问我为什么要做一棵梧桐树时，我也不太愿意说个究竟，内心只是觉得，良禽择木而栖，嘉木不言，有几人能懂它的心思呢！

在楚香中，梧桐是不常用的香材，原因是气息清淡，远比不得沉香、檀香、柏木等，其倒因为材质疏松，是做古琴的最佳选材之一，传说古琴的发明者正是炎帝神农，古琴发明的过程似乎与楚香也有丝丝缕缕的关联。传说炎帝与百姓庆祝丰收举办篝火晚会，在光明芬芳的氛围中，没有音乐的狂欢着实单调，见凤凰栖桐木鸣叫动听，炎帝于是将桐树砍下制成五弦琴，从此人类有了美妙的音乐。梧桐木不常用于制香。梧桐子却是楚香的一味香材，性味甘平，具清热解毒、顺气和胃、祛风除湿之效，在楚香配伍中，梧桐子常与甘草配伍，可净化空间，祛晦致洁。当然，如果有如苏东坡那般的雅兴，不妨在山林早秋，独坐石畔，红炉小火试新醅，石鼎清泉煮山药，将铜炉里的柏子仁换成梧桐子，气息虽淡些，也是别有兴致的野趣。

香药同源之品香药

梧桐，落叶乔木，梧桐子性味甘平，清热解毒，顺气和胃，健脾消食，楚香配伍时加一味桂花，适用于午后，配一杯下午茶，化食怡情。梧桐木轻软疏松，是制古琴之良材，凤池龙沼为古琴发音孔，香与琴是古代文人雅士修身娱乐的标配。用梧桐子入香，用梧桐木制琴，也是一种理想的精神生活。

楚香之香方一味

清雅书斋香

檀香50克，桂花30克，梧桐子20克，龙脑少许。梧桐子剥仁，留壳与香茅浸泡一夜，焙干后研末合香。此香方为楚香家传中最为特别与常用的一方。每至深秋采得梧桐子制香，窖一年，夏用避蚊，秋用润肺，香气清雅，醒神宁心。

中医药方一味

治白发

梧桐子，捣汁涂，拔下白发，根下必生黑发。又治小儿口疮，和鸡子烧存性，研掺。

参照《本草纲目》

一诗一香草

《梧桐》

如果我选择做一棵树
就让我倚着
院落里的明月高堂
虽然四季桂子满树飘香
玉兰有着大家闺秀
恬静的模样
我还是选择做棵梧桐
安静漫长的守
隽永笔直的长
风雨霓虹中茁壮
等你千里路过
为你遮一丝丝凉
我就这样于三千世界
春落梧桐雨
秋飘满地黄
结一树苍翠栖凤凰
也宁愿被截三尺六寸长
为伯牙的断琴再造凤池龙沼
一曲清音伴清香

花语

梧桐，为梧桐科落叶乔木，花期在四至五月，花语是情窦初开。

白芷

怀兰蕙与衡芷兮，
行中野而散之。
摘自《九叹·逢纷》

【译文】
我怀揣兰蕙和衡芷啊，
却被抛弃荒野不用。

我对于白芷最早的认识，缘于《九歌·湘夫人》中的“沅有茝兮醴有兰，思公子兮未敢言”。当时读到那一句，我的心被软软地撞了一下。正是这样柔情万千的一句，让我对《楚辞》生出别样的情愫。纵观世间情事，总是让人辗转反侧，情不自禁。在这情意绵绵的诗句中，芷不是芷，而被称作“茝”，最初我并不识这个生僻字。“茝”是查了字典才会读的，音“采”的翘舌音；“情”字无须查字典，被各种场景演绎着，也就只有字是认得的了。品读《楚辞》，竟品味出字里行间的芳香，无形中破了许多的无知与执着，倒是意外的收获。

被称为“茝”的白芷，是《楚辞》中别称最多的植物，也是《楚辞》中最香的植物。曾看过一本研究《楚辞》的书写到白芷，提到古代女子爱以“芷”为名，如浓墨重彩地出现在金庸小说《倚天屠龙记》里的周芷若。再后来，我发现许多的文学与影视作品中，那冰雪聪明的女子常以“芷”为名，于是我在想，将来我若生个女儿，也给她取个有“芷”的名字。当然，我终是未能如愿，于是“芷”留在我心里，女儿留在永远无法圆满的愿望里。

在《楚辞》中，白芷共有六种不同的名称：白芷、芷、茝，药、莞、虈，共有二十多句诗提到白芷，可见诗人对白芷的喜爱不同寻常。宋人罗愿在《尔雅翼》中指出，《楚辞》以芳草比君子，而言茝者最多。

“沅有芷兮澧有兰，思公子兮未敢言。”诗人在《九歌·湘夫人》中将思念之情寄于芷兰芳草，一缕哀婉飘荡在潇湘之间。更有《九叹·远游》中的“怀兰茝之芬芳兮，妒被离而折之”，诗人以怀抱兰草白茝为喻，自言一派芳香，感叹遭奸人嫉妒的无奈和悲哀。再看《九章·悲回风》中的“故荼荠不同亩兮，兰茝幽而独芳”，我仿佛看到诗人那借白芷以明志，表示自己绝不与小人同流合污的高贵而悲哀的士大夫形象。

孔子曾说：“芝兰生幽谷，不以无人而不芳，君子修道立德，不为穷困而改节。”如果花有神明，我猜屈原可为芳香自洁的白芷花神，他借香草明明德，以香草言气节，白芷在这样的寄托下，已不是原来山间的野草。在那一句“亦余心之所善兮，虽九死其犹未悔”的呐喊中，沅江的白芷、澧水的兰草都随着屈原，成为高洁的象征。

在《离骚草木疏》中，唯独白芷有两个篇幅，一篇为“芷芳”，一篇为“莨药”，芷芳篇称君子是以白芷修洁，采众善而自约。就这样一味平凡的香草，诗仙李白也为它写下意味深长的诗：“沐芳莫弹冠，浴兰莫振衣，处世忌太洁，至人贵藏晖。”（《沐浴子·沐芳莫弹冠》）如果这样一首诗不注明是李白所作，我会当作是哪位得道高僧的禅偈，通过佛法彰显哲理，度人于红尘烦恼中。

白芷就这样以其芳洁被文人骚客喜爱着。这出众的芳洁也被香家喜爱着，在众多的香典记载中，有关白芷的香方不计其数，最吸引我的是香妆澡豆，传说是唐代永和公主制作的。香妆澡豆相当于我们现在所用的香皂，相传其配方是：白芷二两，白蔹三两，白及三两，白附子二两，白茯苓三两，白术三两，桃仁半升，杏仁半升，沉香一两，鹿角胶三两，麝香半两，大豆面五升，糯米二升，皂荚五挺。宋代医书《太平圣惠方》中有澡豆诸方的记载。白芷在中国香文化的舞台上，可谓光彩照人、香艳动人的旦角儿，从配方上看，即使号称“香中阁老”的沉香，也常常为它作配。

白芷气香味甜，可散风化湿、预防感冒，是历代香家常用的香药材，在楚香配方中常与细辛、川芎为伍，最常见于端午节香包配方，以现代人的气息审美看，其香偏中药气，因此我会在古方的配比基础上略微减量，使其更适应现代人的呼吸。

除了香囊配方外，有关白芷的香方不胜枚举，以至于它仿佛成了药铺里的甘草，可以被我们信手拈上一撮，合进香中。最有意思的是2019年3月,我去西藏采桃花时,明明领队通知做好防晒准备,我想当然地认为早春的西藏,日头不会如夏季那般的烈,居然裸着脸上了高原,等我回到武汉,那一脸的“高原红”着实让我见不得人,特别是鼻子完全成了黑山丘,对着镜子自己都有点嫌弃自己。于是我用白芷、白茯苓、玫瑰花、珍珠粉调了一味香,用花露敷面数日,肌肤即修复。原本被自己私用的香方,在出差的时候被小姐妹“窥见”而“蹭”了去用起来,据她自己说,早上起来见镜子里的白人儿,以为看花了眼,这个说法有没有夸张的成分,不能深究,且一笑了之。

物是人非,庆幸自己放纵了一次性情,来了一场说走就走的旅行,我们将这次的出行命名为“三千香事·万里桃花”,自驾半个多月,林芝的桃花将绚烂我的一生。再后来武汉发生新冠肺炎疫情,再后来林芝发生森林火灾,所有的发生都在猝不及防间。若再想去林芝,不知道是何年何月,再去看到的林芝也许将不再是我曾经看到的林芝。沉思中不由得一声叹息,我将在林芝采得的桃花合了一味香,取了个自己都觉得惊诧的香名,曰:后悔药。

世间的许多事与情,是等不得的……

香药同源之品香药

《本草纲目》记载:白芷,辛,温,无毒。主治女人漏下赤白、血闭阴肿、寒热、头风侵目泪出,长肌肤、润泽颜色,可作面脂等。

楚香之香方一味

桃花美白香膜

白芷、白茯苓、玫瑰各50克，洋甘菊30克，上好珍珠粉100克。调合成香粉后，入瓷器放置三天，在放置的过程中，每天须摇动瓷器，使其充分混合，再调以蛋清、牛奶、玫瑰纯露等。皮肤过敏者慎用。

中医药方一味

白芷散

白芷12克，生乌头3克。以上为末，茶调服。主治头痛及目睛痛。

参照《类编朱氏集验医方》

《白芷》

芳香如果有旋律
我便是豆芽般的休止符
停顿于你呼吸的节点
从此你的每次呼吸
因为有我而呵气如兰
这样的相随生生世世
从楚河至汉界
你是屈子我便佩服于襟
行吟间扶浩然正气
从秦汉到盛唐
你是永和我便研脂成粉
养为悦己而容的颜
我为你改头换面
或芷或茝或莞
唯芳香不变
就这样
我成了你隐形的爱侣
就这样
每一次轮回我香伴香随

花语

白芷，伞形科植物，又名芷、药、茝等。白芷开花时，如女子举着伞，等夫君归家的模样，所以它的花语是思念。

款冬

悲哉于嗟兮，心内切磋。
款冬而生兮，凋彼叶柯。

摘自《九怀·株昭》

【译文】

悲伤啊我仰天长叹，内心里如剑削刀剜。
款冬在严寒中开花，百花香草枝叶凋残。

对于款冬，如果不是因为它生在冬季，我会把它当作蒲公英。那小小的、黄色的花，匍匐在地上卑微地开放于万物萧瑟时，仿佛仅仅只是为了呈现一种存在，因此它是孤僻的，又是倔强的。它的名字也不如其他的植物妖娆，即使在各类本草药典中都有记载，即使祖辈曾让我拣这味香药合过香，我常常忘却它，唯独在读了《九怀·株昭》后记住了它。而记住它的原因颇具戏剧性，正是诗人的“悲伤啊我仰天长叹，内心里如剑削刀剜。款冬在严寒中开花，百花香草枝叶凋残”，以款冬的开放陪衬百花的凋落，形容款冬是“附阴背阳”的奸佞小人。这让我大大的不服气，在我心中与梅花一同傲然于冰天雪地的款冬，怎么在这样一部伟大的作品里变换了角色呢？这感觉有点像看影视剧时，内心认定的正面角色，忽然变成深藏不露的大反派，于是你便会彻底地记住这个人物，你会在心里叹息。你甚至会想，编剧为什么会编排出这样的人设呢？

这样的惋惜在我心里成了不解的结，我每见款冬就会格外地留意。西晋文学家傅咸在《款冬花赋》中盛赞严冬中盛开的它："华艳春晖，既丽且殊，以坚冰为膏壤，吸霜雪以自濡。"寥寥几句折服了我，那感觉犹如看京剧《蔡文姬》，那大奸大恶的白脸曹操救回文姬，顿时温情起来，形象因此而扭转。

让我印象深刻的还有一则关于款冬的故事。唐代诗人张籍偶遇出家为僧的贾岛，被其才情打动，时常专程去山寺拜访，两人常常吟诗对联，不亦乐乎。有一日两人在凝冰积雪的山溪中，发现几朵破冰而出的金色小花，映在白雪皑皑的冰层上，格外灿烂出色，张籍指着冰隙里的小花问贾岛："此花名为款冬，最是不畏苦寒，生于冰雪间，亦可倔强绽放。花之志，与君同乎？"一句话，激得表面四大皆空内在却尘缘未了的贾岛内心波涛汹涌，张籍借款冬言志，使得因贫出家，却不舍满腹经纶和一身抱负的贾岛有了还俗之心。张籍更是兴起作诗《逢贾岛》，诗云："僧房逢着款冬花，出寺行吟日已斜。十二街中春雪遍，马蹄今去入谁家。"还俗后的贾岛在张籍的引荐下，投奔韩愈门下，深得赏识，成为唐代著名的苦吟诗人，与孟郊共称"郊寒岛瘦"。如此故事中的款冬，倒成了佳话。

人有各种际遇，植物又何尝不是呢？我小的时候特别喜欢看植物幻化成人的故事，对《聊斋志异》中的花妖总会格外地怜惜。书中共有八个花妖，当然都是艳冠群芳的。有道是草木无情，最终反而衬出人性的无情。这不由让我想到款冬的境况，在万花凋萎时，傲然于冰雪独自绽放，反倒成了“附阴背阳”之物，成了小人的象征物，相较梅花，如果我是款冬，会是多么的抑郁？正是因为款冬有如此的际遇，它成了我在楚香中最为怜爱的一味香草，每用它合香，我就会想起“草木有本心，何求美人折”的诗句，就会生起许久都放不下的无奈，想着人作为万物之灵，总是由着自己的情绪裁决草木的命运，未免是狠心了点。当然，我不是款冬，不知道它会怎么想，只能通过款冬的性味，更多地去理解它。款冬性温，微苦，归肺经，有润肺下气、化痰止咳的功效，因此在《普济方》《太平圣惠方》《外台秘要方》这些经典的药典中，都有款冬花的记载，虽配方各异，功效却相似，多是治疗虚寒、气短、咳嗽等疾病。楚香传承的香方也有款冬的芳名，经考证，其配伍与《外台秘要方》的药方有几分的相似，只是用量不同而已，从这一点上看，“香药同源”本就是先人的智慧。

每逢仲秋，我会用款冬与川芎、陈皮、桂花合一味香，气息温润清甜，可化郁顺气，预防呼吸道疾病。我在合香过程中，因对款冬有体恤之情，于是为这一味秋香取名解忧。

香药同源之品香药

款冬为菊科类，花苞生于冰下，开花时破冰而出。性温，味微苦，入肺经，有祛痰止咳平喘、扩展心血管、兴奋呼吸等作用。《本草衍义》中有“款冬花，百草中，惟此周顾冰雪，最先春也”的描述。款冬在楚香中常与甘草、半夏、陈皮为伍，研粗末熏，在早春寒热相交之际，可利肺气，预防伤寒咳嗽、胸膈烦闷、咽嗌肿痛，为制暖香常用的香药材。

楚香之香方一味

木心解忧香

沉香30克，桂花30克，款冬20克，香茅10克，陈皮10克，龙脑少许。研末，窖月余，可直接电熏香粉，也可用炼蜜调成香泥，窖至冬天，置于手炉焚熏，其气息温润香甜，解忧化郁。

中医药方一味

新久咳嗽方

款冬花、干姜、芫花根各100克，五味子、紫菀各150克。先将款冬花、干姜及芫花根捣碎研为细末，然后将款冬花、五味子及紫菀三味加水共煎，药成，过滤去渣，最后将芫花根末、干姜末及蜂蜜500克，一起加入前药中，放入铜制器皿中，小火合煎，直至成膏。此方针对新久咳嗽，具有化痰止咳、温阳散寒的功效。

参照《外台秘要方》

《款冬》

不是所有的冷酷
都在寒冬滋长
有些暖是在薄寒后
挠着神经末梢
让呼吸兴奋得痒
心思冰封心房
独立于季节的边角
早已被花事遗忘
就这样
撑着孤单的坚强
为心路扩张
平复喘不过气的想念
隔着冬与春遥望
破冰而出的绽放
心思已蝶变成窖藏
置于兽焰微红的银叶上
隔空闻香

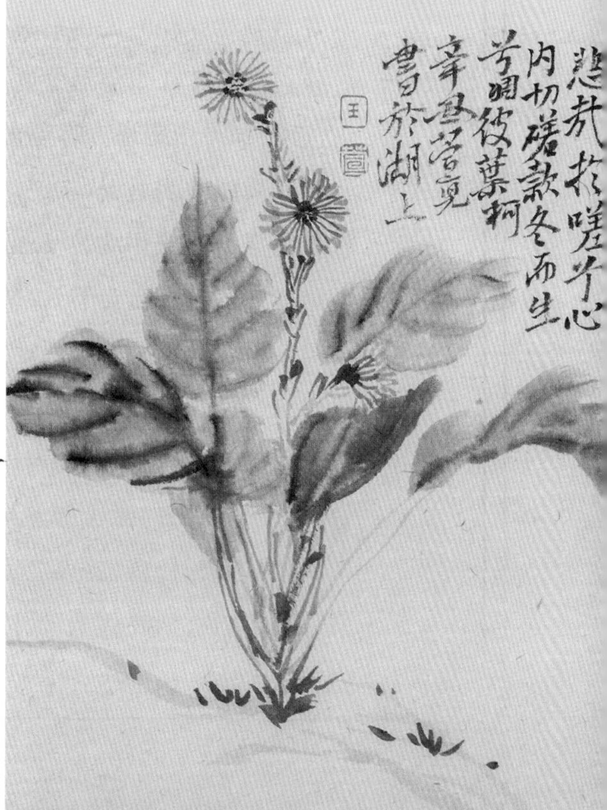

花语

款冬，菊科类草本植物，花语是公正。

椒

惟佳人之独怀兮，
折若椒以自处。

摘自《九章·悲回风》

【译文】
思想起我孤独幽怨的情怀啊，
只好折杜若和椒枝独自守在这里。

《说文解字》里是这样解释“香”的：“香，芳也，从黍从甘。”甲骨文的香字，字形上部或禾或黍或麦的形状，四周的小点表示籽粒脱落、作物成熟，下边的“口”是盛籽粒的容器，表示谷物脱粒时发出的馨香气味，或理解为用口尝籽粒的香味。以至于几千年后，“吃得香”还是一句可意会也可言传的俚语，如果用楚地方言说出来，更是有味道。

最能代表香是吃出来的香材，应该是椒，这也是椒最为特别之处。正因为它本身就具有这种特殊的品质，因此，椒犹如天生丽质的女子，如果命运垂青，注定不凡。

椒的际遇果真不凡，《楚辞》有多处提到它，而每一处诗句总会让我想起我见犹怜的美人，如果香草美人需要一味香草做代言，我想椒定是当仁不让。历代诗词文赋中关于椒与美人的句子，时常会惊艳到我。比如《淮南子·人间训》中有一句“申椒、杜茝，美人之所怀服也”，会令我的脑海顿时呈现“视尔如荍，贻我握椒”（《诗经·陈风·东门之枌》）的活色生香画面。那身怀暗香的女子，仿佛身怀绝技的男子，人生都由不得自己编排，总会有些意想不到的精彩。由此，香总在历史故事与传奇中，作为鲜活的佐味。如此，我会想起“掬水月在手，弄花香满衣”的场景，这样的场景如果少了才子佳人，岂非良辰美景虚设也？

椒在《楚辞》中的每一次出场，都是格外芬芳的，它独有的气息，应该非常契合当时的人们对香气的审美。现代人少有使用椒调香的，多是调味。从大雅之堂辗转至厨房，几千年流芳，椒还是椒，只是使用的场景发生了变化，情趣便少了许多。古往今来相对比，我更喜欢千年前的椒，椒在《楚辞》中给我制造了无数浪漫的联想，那一句“惟佳人之独怀兮，折若椒以自处”，如一则预言，在飞速发展的当今社会，能守得住寂寞、安得住身心的女子，一定是灵魂飘香的。

椒除了在《楚辞》中常见芳踪，在其他古诗词中更是频现浪漫身影，同时椒的多籽又寓意更多的吉祥，成为古时人们津津乐道的彩头。如《诗经·唐风》有一首《椒聊》，盛赞家族人丁兴旺，如花椒结满果实，诗云：“椒聊之实，蕃衍盈升。彼其之子，硕大无朋。椒聊且，远条且……”由此看来，汉武帝营造椒房，除了显示后宫特殊的地位，同时也认为其有繁衍后代的实际功效，这是一份专宠礼遇。偌大的未央宫中，弥漫着温辛香气的椒房殿，见证着陈阿娇、卫子夫等绝世美人的恩怨情仇。

汉武帝，那个在幼时即能说出“金屋藏娇”的孩子，后来能在未央宫造出个椒房实在不稀奇。如果说金屋是奢华的，那么椒房则是智慧又奢华的。历朝历代帝王将相可圈可点者又有几人？汉武帝的丰功伟绩载于史册，那金屋与椒房也为他的传奇增色不少，相比那“只识弯弓射大雕”的成吉思汗，不知风流了多少。

椒后来沦落为厨房里的调料，已然没有了椒房的尊贵，大家再也不叫它椒，而叫它花椒了。我小时候很不喜欢吃花椒，每次不小心咬破了菜里花椒，就觉得舌头都要麻掉了，那钻心的麻辣，一直留在我的印象里。再后来，每见菜里有花椒，我都会非常小心翼翼地挑出来，每次挑这些花椒，会败了我吃饭的心情与胃口，还常为菜里放多了花椒与母亲斗气半天。那时候，我很不理解母亲为什么总要在菜里放这些奇怪的东西。

随着年纪的增长，人的口味也会在不知不觉中发生微妙的变化，我小时候不喜欢吃的除了花椒还有苦瓜，也不知道从什么时候开始，居然不排斥这两样东西了，更不知道从什么时候开始，我喜欢上花椒的味道。新鲜的食材加上花椒的香麻，吃上一口，那种唇舌舞动的感觉顿时让味蕾大开。

在楚香运用中，椒早期多是用在早春时节调配暖春香。后来，椒成为生活中最平凡的烹饪佐料，与茴香、大料、桂皮、丁香并列为“五香”。

初春时，我将花椒与老山檀、玄参、川芎、当归等配了一味春香，正好有女友痛经，我将春香用炼蜜合了几枚脐丸赠予她，她置脐香疗两天，竟然说不痛了，我笑道：“可能是到了不痛的时候吧！”

香就是香，我从来不当是药，偶尔能调理好某些状态，也只是辅助作用。香，只要很香就好了。

香药同源之品香药

椒，今名申椒、花椒，芸香科类，性温，归脾、胃、肾经，有温宫止痛、逐寒行气、杀虫祛疫等功效。古时人们不仅用它调味和制香，还用它泡酒辟邪祛毒。东汉农书《四民月令》记载："正月之朔，是谓正旦，躬率妻孥，洁祀祖迩。及祀日，进酒降神毕，乃室家尊卑，无大无小，以次列于先祖之前。子妇曾孙，各上椒柏酒于家长，称觞举寿，欣欣如也。"又因花椒籽多而香，且有温宫安胎的功效，在汉代以椒涂屋，即椒房殿，是皇后居所，也是身份地位的象征。

楚香之香方一味

景明春和香

檀香30克，玫瑰20克，香茅20克，花椒10克，玄参10克，当归5克，川芎5克。研末，可加黏粉制成线香，也可加炼蜜制成脐丸，具生发阳气、止痛生暖之香疗作用。

中医药方一味

治冷痢

花椒（微炒出汗）0.9克。捣罗为末，炼蜜和丸，如绿豆大。每服以粥饮下五丸，日三四服。

参照《太平圣惠方》

一诗一香草

《椒》

时光是通常的隧道
若有往返的车
我还能看到你造的金屋
从童稚的许诺
到后来真的藏娇
率土之滨何止三千
攘夷拓土成就汉家王朝
后宫佳丽何止三千
争奇斗艳的后宫
我一个人住的金屋
是高处不胜寒的窑
丝绸铺就古道
驼铃串成申椒
从此金屋变椒房
夫君成君王
椒房暖怎抵温情凉
一切都只是权势的符号
始乱终弃是情的本质
我等了一世又一世
只想做金屋里
你一个人的阿娇

花语

椒，芸香科落叶灌木，又名申椒、花椒，花语是多子多福。

捻支

搴薜荔于山野兮，
采撚支于中洲。

摘自《九叹·惜贤》

【译文】

我在山野摘取芳草薜荔啊，
采集香草捻支在小洲上。

捻支是奇妙的香草，它出名并不是因为香，而是因为“色”压群芳。无论是在古代还是现代，时光可以涤荡许多的习性与爱好，对人类而言，香与色仿佛刻在了基因里，转换成各种呈现的方式，从古至今，流传着不一样的香艳故事，于是有了“食、色，性也”这一句精辟的总结。

无须戴着有色眼镜去判断这一句话的道德性，习性终不在道德的范畴内，当然更无须伪道德者拿腔捏调地布道。纵观天下，就连孔子都说“吾未见好德如好色者也”（《论语·子罕》），可见香与色参演生活中令“六根”动容的各种剧情，使得历史的长卷多出些趣味，凑成一台浓墨重彩的好戏，任由往来的看客，捧一杯淡茶，看“你方唱罢我登场”。更有那多情的人儿，戏里戏外分不开身子，始终在别人的戏里流着自己的泪,因此又有了“唯有美食与爱不可辜负”。所有的这一切,仿佛三原色能调出缤纷色彩,香与色即能调出生活情趣的缤纷多彩。在我眼里,能懂几分香与色的人,更加真实。

要说具有香与色的特质而又流芳千古的香草,捻支当仁不让。这是因为捻支的“色”更具功能性,也正是因为它的这种功能性,就着它的发音,有了“胭脂”这个专有名词。《尔雅冀》如是记载:“捻支又名燕支,本非中国所有,盖出西方,染粉为妇人色,谓为燕脂粉。”至于“搴薜荔于山野兮,采撚支于中洲”中的撚支,东汉著名文学家王逸注:“捻支,香草也……支,一作‘枝’。”捻支在《楚辞》里出现不多,这是不是因为捻支“本非中国所有”,更不属楚地植物的缘故?那一句“搴薜荔于山野兮,采撚支于中洲”中的捻支,和“高余冠之岌岌兮,长余佩之陆离”中的陆离,始终是我心里未解的美丽之谜。

当我合上《楚辞》,借一缕楚香,神游八百年楚国之时,看到的每一位贤者都仿佛是有着千里眼、顺风耳的神。有一种说法,《楚辞》里的“陆离”是战国时期的琉璃,世人谓之“蜻蜓眼”。这只眼一睁就是几千年,在斑驳绚丽的色彩掩饰下,用独特的目光,看世事变幻、沧海桑田……

楚香里的捻支

小时候,我爱看《聊斋》,一则《胭脂》的故事里没有鬼怪,只说人事,当时只觉无趣,留下印象的唯有“胭脂”这个名字。再后来与外婆看戏,通场看完《昭君出塞》,不谙世事的我,并不能从昭君的唱念做打中看出委屈与无奈,倒是对她远嫁匈奴后的称谓“阏氏”特别有感觉,也因此对胸前吊着两尾大兽毛的外域民族的野蛮形象有了几分转变，并因此了解到匈奴人称妻子为“阏氏”，除了“捻支”是他们的特产，还因为“捻支”使得他们的妻子更加娇美。特别是汉武帝麾下将军霍去病，大破匈奴夺下焉支山时，匈奴民歌唱“失我祁连山，使我六畜不蕃息；失我焉支山，使我妇女无颜色”（汉代《匈奴歌》）。

如此鲜活的捻支，其实就是当今的红花，藏红花是其中最具药用价值的。红花性温，归心肝经，有活血通经、散瘀止痛之功效。女子在痛经时，拈上几根红花冲泡水服用，即可缓解。捻支作为《楚辞》中出现不多的香草，在当时可能只存在文字里，并没有被实际运用到楚香的制作中，除了捻支不是本地所有的原因外，我猜还可能因为捻支几乎没有芳香挥发成分，不具备散香的作用。后来，我在楚香制作中，以它代替朱砂染色。

在冬季，我会用沉香、蜡梅、辛夷、花椒制一味暖香，制成鸡头米般大小的香丸，再用捻支上色。相比朱砂上色，我认为捻支更安全、温润。在一场大雪后，若有女子披上昭君出塞般的红色斗篷，手里捧一枚熏着红色暖香的手炉，无论是她自己，还是看着她的人，定不会觉得冷。那般风情，无以言喻。

香药同源之品香药

捻支，现名红蓝花、红花，史载故产于焉支山，因颜色可提取，可作为女子美颜用品，故名胭脂。其性味辛、温，无毒，入心养血，故入药时多用于活血润燥、止痛散肿。在楚香配伍中，多取其色，少用其味，常用其替代朱砂染色，或入香妆。

楚香之香方一味

想容胭脂粉

红花一两浸于花露。将配伍的珍珠粉、白芷、白茯苓调合好后，注入红花花露，晾干后，可涂抹脸颊，犹如西子，浓妆淡抹总相宜。

中医药方一味

治聍耳

红花0.3克，白矾30克(烧灰)。上药细研为末，每用少许，纳耳中。

参照《太平圣惠方》

《捻支》

只是焉支山上的草
生出几分的颜色
从此便开始与情色交道
为寿阳公主点额上的梅花红
衬飞燕的娇媚掌上舞
幽居千年的孤寂被捣碎
无数红颜用朝露
调嫣香为情倾倒
谁又在乎我的粉身碎骨
谁又知道我为谁姣好
无意偷睹琅玡榜
一瞥惊鸿你的名号
于是辗转六道
将千年的修行换成女子容貌
追随一世又一世
却总追不上你的奔跑
找到你时总错过花开正好
仿佛仅只为了看一眼
从此生命即黯然神销
于是我决定变成一颗朱砂痣
印在你掌心
于是我决定化作一滴胭脂泪
在流下的一瞬
背过脸，不让你看到

花 语

捻支，菊科类草本植物，又名红花、红蓝花，花语是等待你。

泽兰

览椒兰其若兹兮，又况揭车与江离？

摘自《离骚》

【译文】

看到香椒兰草变成这样，何况揭车江离能不变心？

《楚辞》里关于兰的诗句太多了，以至于我一直以为已经写过了泽兰，而将它搁置一边。这种感觉犹如太熟络的亲情，透明得像空气，存在着却经常被视而不见。

其实泽兰并不是孔子盛赞的兰花，它们一个属菊科，一个属兰科，文人墨客对兰的偏好与寄情，是由什么而感发的，实在无从说起。由此看来，植物也是有植物的际遇，而兰的确是格外被命运垂青的。历数古往今来的字里行间有多少兰之芬芳，文采绮丽，以至于我常会在这些文字中"乱花渐欲迷人眼"，倒是诗仙李白的这首颇为朴实的诗，给我留下了深刻而特别的印象。诗云"为草当作兰，为木当作松。兰秋香风远，松寒不改容"(《于五松山赠南陵常赞府》)，不禁让我联想到李清照的"生当作人杰，死亦为鬼雄。至今思项羽，不肯过江东”(《夏日绝句》),两首诗同出一辙的铭志。

在《楚辞》中,不管兰是作为泽兰、幽兰,还是木兰出现,都是诗人借香草喻君子。以香草美人自居的屈子,行住坐卧皆佩香草以昭显德行,也借这一句“怀兰蕙与衡芷兮,行中野而散之”来叹息虽怀握兰蕙,却不被赏识而被弃荒野的悲凉,又借“览椒兰其若兹兮,又况揭车与江离”哀叹在强权的压制下,众多同僚纷纷变节,而自己始终如一地坚守。

楚香里的泽兰

众所周知,“沉、檀、龙、麝”为四大名香,而这四大名香多来自外域,少有人了解本土的四大名香“兰、蕙、椒、桂”。本土的四大名香多出自楚地。据宋代陈敬《陈氏香谱·香品举要》记载:“香最多品,类出交、广、崖州及海南诸国。然秦汉以前未闻,惟称兰蕙椒桂而已……”。这也可以佐证楚地为中国香文化重要起源地之一。世人将沉香尊为香中阁老,而我认为兰堪称“香祖”。

关于兰、蕙、椒、桂的文字记录最早见于秦汉,可惜楚国史书《梼杌》久已亡佚,无法考证其中是否有兰的文字记录。

如此赘述,不仅是要表明兰在香中的地位,同时还要说明这四大名香中的兰不是文人笔下孤芳自赏的幽兰,而是被划属菊科的泽兰。之所以如此,是因为泽兰叶子香气浓郁,可提取丰富的芳香物质。即使是在古代技术相对落后的情况下,人们也可以用煎油的方式提取并制作香料,用于熏衣、沐浴。据南北朝梁宗懔《荆楚岁时记》记载:“五月五日,谓之浴兰节。"楚地用兰草沐浴的旧俗,在古时颇为盛行,人们见长辈会亲友,或出席重要场合,都会提前香浴洁身,熏香恭敬。当下,已少有人耐心地泡一个香浴,少有仪式感,一切都随便起来,一切都快了起来,如果我是泽兰,在被大家遗忘的角落,定会有几分的落寞。

泽兰在楚香的运用中,熏衣与沐浴仅是最寻常的用法。在传承的配方中,我感受最深刻的是用泽兰、当归、甘草、生姜、芍药、红枣熬制的泽兰香饮。据祖辈说,泽兰香饮对妇人的安胎与调养都有很好的作用,只是现在怀孕生子是天大的事,任是谁也不敢用孕妇一试,落得我自娱自乐,偶尔闲情,调上一味,且将自己的"心胎"安一安,那清香淡甜在唇间,会令我升起遁世的渴望,想有一处栖身的幽境,一箪食,一缕香,一杯清饮,乐在其中。

香药同源之品香药

《本草纲目》记载:"泽兰气香而温,味辛而散,阴中之阳,足太阴、厥阴经药也。脾喜芳香,肝宜辛散。脾气舒,则三焦通利而正气和;肝郁散,则营卫流行而病邪解。兰草走气道,故能利水道,除痰癖,杀蛊辟恶,而为消渴良药;泽兰走血分,故能治水肿,涂痈毒,破瘀血,消症瘕,而为妇人要药。虽是一类而功用稍殊,正如赤、白茯苓、芍药,补泻皆不同也。"

泽兰在楚香配伍中与艾、香茅一样,是运用较多的香材。

楚香之香方一味

泽兰香饮

泽兰50克，当归20克，红枣20克，白芍10克，甘草10克，生姜数片，文火慢煮一个时辰，凉后饮用。滋阴养脾，化瘀散结。在冬日女子经期饮用时加红糖，可缓解痛经，令身心温暖。

中医药方一味

泽兰防己散

泽兰、防己等份为末，每服6克，酸汤下。治产后水肿、血虚浮肿。

参照《备急千金要方》

一诗一香草

《泽兰》

没有得意万花丛中
一枝独秀
盛开浓缩了我的生长
远见一时的绚丽
总会引得无数向往
细看花瓣叶片
脉络间的方寸
也有容世的雅量
花开可钗美人鬓
不过百日的好合
叶落煮一碗汤
解了因情而郁结的感伤
命或运
摆不脱荣枯成败
而我只想行一腔正气
定格流芳
于是被开玩笑的笔
归错了类别
是兰却不是兰
被无数多情吟唱
留我在天边独朗

花语

泽兰，菊科类草本植物，也有资料将其归入唇形科植物，别名地笋、地石蚕、蛇王草，花语是顽强。

宿莽

朝搴阰之木兰兮，
夕揽洲之宿莽。

摘自《离骚》

【译文】
早晨我在大坡采集木兰，
傍晚在小洲中摘取宿莽。

《离骚》里描绘起居饮食最令我向往的诗句有两句，一句是“朝饮木兰之坠露兮，夕餐秋菊之落英”，另一句则是“朝搴阰之木兰兮，夕揽洲之宿莽”。所有初读《楚辞》的人，都会被其中的“兮”弄得晕头转向，我亦然，而独有这两句几乎是过目不忘，究其原因，句子里所描绘的场景，正是我小时候特别喜欢做的事。然而，我将诗过成了日子，屈子却是将日子过成了诗，且将抱负寄托于诗。几千年过去了，杨柳岸，晓风残月，诗篇在纸上，而不死的情怀正如不死的宿莽，遗世独立于洲头彼岸。

我不是只食花草的香香公主，小时候却喜欢独自在屋前、堤边、岸边找些草木尝鲜，最喜欢老屋前的一株美人蕉，硕大的蕉叶有序地延伸成天然的凉棚。傍晚，小伙伴们都会玩捉迷藏的游戏，时常会在蕉叶后找到我，但是我还是很少躲到别的地方，总觉得别的旮旯不如蕉叶下干净和安全。清晨，我会到蕉叶丛中去看有几朵美人蕉开了，折一朵掐断花茎吸食花露，那是当时最好的零食，那是一种格外的甜，淡而清，甜是从舌尖上化开的。

有一次放学回家，我脖子上挂着的钥匙不知道怎么弄丢了，父母还没有下班，忽降骤雨，我躲在蕉叶下，听着雨打蕉叶的声音，看着雨点从蕉叶上细腻地滑过，鼻息里是因这场雨而泛起的潮湿清香。躲在蕉叶下独自听雨的小小自己，没有恐怖。这样的情景仿佛电影里的某一个画面，遥远地呈现，电影摆拍的构图，终是不敌孩子无匠心的自然天成，那场景存留在我脑海某一个空间，时时会在我梦境里出现。

楚香里的宿莽

宿莽，现今称之为莽草，据药典记载，宿莽有毒。我非常庆幸自己在小的时候无所畏惧地品尝鲜花草木时，没有如神农氏那般，遇上有毒的断肠草。但是回想起在河滩边将莽草编成头圈，学着英雄黄继光卧于草丛间，剥开鲜叶抽出新生的莽草绒咀嚼的场景，有点后怕，如果那时嚼到了有毒的莽草，是多么的可怕。传说中有毒的宿莽，与《楚辞》中的宿莽应该不是同一种植物。宋代沈括的《梦溪笔谈·补笔谈》中记载“莽草有多种，以所谓石桂或红桂者为真莽草”，言下之意似乎还有假莽草，而沈括所说的真莽草即杜鹃科的马醉木，全株都有毒。《神农本草经》则记载宿莽为八角类的莽草，有剧毒。《本草求原》中对其药性的描述更加直接，只寥寥数字：甘，温，有毒。

《楚辞》中的宿莽应该是东汉王逸在《楚辞章句》中所说的："草冬生不死者，楚人名曰宿莽。"这种宿莽多生于浅水滩边，有微毒，是楚香所选用的香材，在楚香传承技法中有独特的炮制方式，既要保持有毒的药性以便以毒攻毒，又要修治毒性留其香气。炮制过程是将采得的宿莽，切细草叶，加入甘草，用细绢纱袋包裹，悬于砂锅沸水三醒蒸之，再于荫凉处晾干，细磨即成香料。也有直接使用宿莽疗疾的，比如在《太平圣惠方》中就有"莽草煎汤沐之，可治头风久痛"，只是最后强调"勿令入目"。楚香运用宿莽香气入阳明之窍，预防疾病，扶正避邪，在配法上，宿莽多与青蒿、艾叶、藁本为伍，气味浓烈，用于祛虫防蛀，避晦除浊。若齿疼颊肿，也可用此香方煮水，热含漱口，可消炎止痛。

香药同源之品香药

宿莽，叶有香气。楚人名此草曰"莽"，此草终冬不死，故又名"不死草"。别名为披针叶茴香、红毒茴、窄叶红茴香。它是一种有毒植物，又被称"水莽草"。《周礼·秋官·翦氏》"掌除蠹物。以攻禜攻之，以莽草熏之"，郑玄注"莽草，药物杀虫者，以熏之则死"。《山海经·中山经》："又东北一百五十里，曰朝歌之山……有草焉，名曰莽草，可以毒鱼。"在楚香运用中，以熏衣方为多，常置衣柜，芬芳祛虫。

楚香之香方一味

端午香囊

艾叶20克,青蒿20克,香茅20克,苍术10克,香薷10克,藁本10克,莽草10克,切豆丁大,装纱袋入香囊,可避蚊香衣,祛疫除晦。

中医药方一味

莽草汤

莽草五两,水一斗,煮取五升,热含漱吐之,一日尽。治风齿疼,颊肿。

参照《肘后备急方》

《宿莽》

想起在水一方的佳人
遗世独立于玉岸
在细波如雪的河床
起伏着翩跹的神往
波心平静地暗涌
不是看得见的澎湃
从秋风起时摇曳
每一个起舞的肢体
是夕阳下遥远的牵绊
在冬雪里不死的琼姿
温软固化成标本
呈现水晶般透彻的祈盼
等你再上洲渚摘一片叶
不死的仰望
在你的手中融化
再现我本来的模样
饮鸩是冒死的止渴
毒死与渴死
选择间不容选择
宿命长成宿莽

花语

宿莽，又名莽草，禾本科植物。枝、叶、根、果均有毒。

下篇

越四季

朝饮木兰之坠露兮
夕餐菊之落英

唯有美食与爱不可辜负。四季的日常中，『朝饮木兰之坠露兮，夕餐秋菊之落英』，已然不只是辜负与否的民生生活，那是一种意识形态的高洁，是熏陶的身体站在路口，始终等着灵魂跟上。

射干

摇荃蕙与射干兮，
耘藜藿与蘘荷；
惜今世其何殊兮，
远近思而不同。

摘自《九叹·愍命》

【译文】

挖掉香草荃蕙和射干啊，
却把藜藿蘘荷恶草败叶栽。
可惜今世与从前多么悬殊啊，
想想先前看看现今真不相同。

如果将《楚辞》里的芳草幻化成三千佳丽，有幸的我们仿佛是那“率土之滨，莫非王臣”的君王，在后宫雕栏玉砌的回廊，每一个香草的芳名都会令人惊艳，我们将流连忘返于各色各样的香艳中，半分的差池都会让一味香草“养在深闺人未识”。在所有耳熟能详的芳草中，射干的逊色，正是因为名不符实。这样的情节有点像汉宫里的王昭君，因毛仁寿的“点睛”之笔，汉元帝深深地后悔，那身披红裘，怀抱琵琶的昭君，从此成了一个传奇。

初见射干，我把它当作有颜色的兰花，它斑驳渐变的花色，远远望去就像美丽的蝴蝶；绿叶虽如兰草丝丝缕缕，却少有兰的柔韧，像剑像戟，指向天空；又像扇，舒展出天然的清凉。在这样阳刚的背景衬托下，射干花异常艳丽，与枝叶的异常坚挺形成鲜明的对比，让人一见难忘。卓尔不群的射干，仿佛绝色的女子被父母取了一个粗陋的名字，超凡脱俗的姿质被深深地淹没。

晋代葛洪《抱朴子》记载："千岁之射干，其根如坐人，长七尺，刺之有血。以其血涂足下，可步行水上，不没。以涂人鼻，入水，水为之开。以其血涂身，则隐形，欲见则拭去之。"这样的记载犹如《西游记》里的人参果，"三千年一开花，三千年一结果，再三千年才得熟，人若有缘得那果子闻一闻，就能活三百六十岁；吃一个，就能活四万七千年"，充满了神秘玄幻色彩。

历史的舞台剧除了有才子佳人，还有忠贤奸佞。射干在《楚辞》里的孤句"掘荃蕙与射干兮，耘藜藿与蘘荷；惜今世其何殊兮，远近思而不同"是刘向对屈原的哀叹，其意是"挖出荃蕙和射干啊，种植灰菜豆叶和蘘荷，可惜今朝与往昔如此殊异，古往今来又如此不同"。屈原那空怀抱负、不遇明君的悲凉，在此句中表现得淋漓尽致。

楚香里的射干

射干名字的由来，有关文献中是这样记载的："射干之形，茎梗疏长如射人之长竿，得名由此尔。"又说其"叶似蛮姜而狭长，横张竦如翅羽状"，亦名凤翼，可见射干之名也是依形画样。如此，我更喜欢称之为"凤翼"。值得探究的是，植物世界犹如人世间，芸芸众生可圈可点的寥若晨星，射干作为香草在《楚辞》里被借喻贤良，又《荀子·劝学篇》还有这样一句“西方有木焉，名曰射干，茎长四寸，生于高山之上，而临百仞之渊，木茎非能长也，所立者然也”，又借了射干的遗世独立，来比喻处高的重要。射干能有如此际遇，自然是倍受上苍垂青。如此，每当用射干合香时，我便特别想得到一支千年的人形射干，用它合一味隐形的楚香，将自己遁身于滚滚红尘，做自己想做的事，见自己想见的人。

楚香里的射干与《荀子·劝学篇》的射干不是一物，与《楚辞》中的射干为同一物。在《楚辞》中以忠贤形象亮相的射干，在《神龙本草经》里则是以下品出现的，究其原因，与“射干性寒，多服泄人”的药性有关。射干的花其实并不香，无论是制香还是制药，都是取其根部。在香药材中，带有神秘色彩、能长出人形根部的香药还有何首乌，它们仿佛都是借着植物的身修成人的形，正是这样天生异禀，两味香草犹如仙草，总有些神奇传说。

回归到楚香，射干则被用于辅助疗疾，合和药香。射干与桔梗、连翘、薄荷、金银花、甘草一起煎煮香汤，对痰火郁结、咽喉肿痛有疗效；若与细辛、黄芩配伍，研细末，可合香丸或制香粉，夜熏可清心降躁，安眠养神。

香药同源之品香药

射干，又名凤翼，鸢尾科植物，性寒，味苦，具有清热解毒、消痰、利咽的功效。楚香中多用其根制香，配以薄荷、连翘煎香汤，配以黄芩、细辛用炼蜜调丸，或置脐或香熏，有清火降燥、静神凝思之功效。因花色娇艳，楚香亦取其花调制香妆。

楚香之香方一味

沐阳消暑香

青木香30克，薄荷30克，辛夷20克，香茅10克，射干10克，龙脑少许，研末，窨月余，可直接熏用。香气清雅，于夏季午睡时熏用，养心降燥，解郁化浊。此香是楚香中夏季常配伍的日常香品。

中医药方一味

射干汤

射干（去毛）、栀子仁、赤茯苓（去黑皮）、升麻各30克，赤芍药、白术各45克。上六味，㕮咀如豆大。治热聚胃口，血肉腐坏，胃脘成痈。

参照《圣济总录》

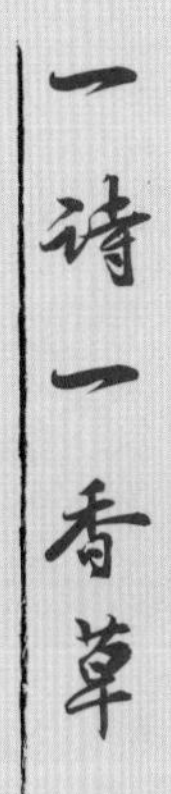

《射干》

在涅槃的那一刻
我把魂魄藏于凤翼
隐情于花蕊
拈花成仙
遁形于琵琶箜篌
我的身形埋入土里
用千年长成你的样子
一针之刺便会血流
染就情丝殷红
绣你入画　隐身阑珊锦绸
千年的舞台
上演桃花扇的风流
兰舟催发的离愁
是不是一生一会的命题
焦尾琴在断琴口
碎成一地难收
寒了性情　哑了音喉
踌躇莫展　行思坐筹
借一骑宝马香车
携你于花瓣渡口
在一滴露珠里出走

花语

射干,又名凤翼,鸢尾科植物,多年生草本植物,花语是幸福终将到来。

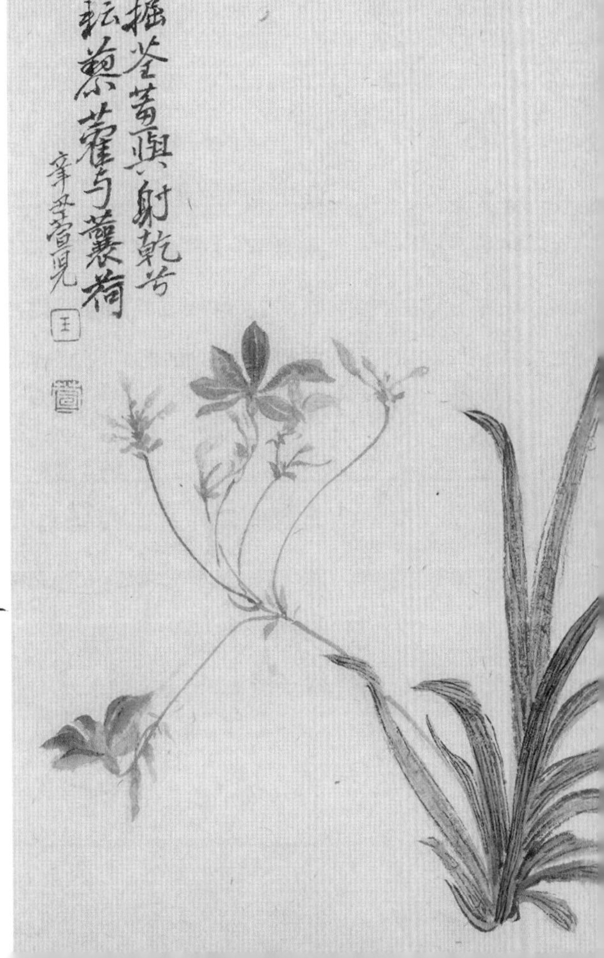

橘

后皇嘉树，橘徕服兮。
受命不迁，生南国兮。

摘自《九章·橘颂》

【译文】
天地间生长着一种佳树，
那是橘树，习服这一方水土。
天生的习性不能移植，
只生长在南国荆楚。

小的时候，生活物资匮乏，我对吃的记忆总是格外深刻。其中，橘的味道，会让我回忆起逝去的大舅。大舅是响应国家号召去恩施的知青，后来留居恩施，直到病逝都没有回到武汉。那时，高铁和飞机还没普及，每逢过年，大舅会拖儿带女地回家，回家一次不容易，乘长途汽车颠簸到宜昌转乘时，大舅会买上一大麻袋宜昌的柑橘，年年如此。

每当快过年的时候，我都会直接或旁敲侧击地问外婆，大舅他们什么时候回来，我心里其实不是惦记着大舅，而是惦记着大舅带回来的柑橘。经年后，大舅在我的记忆里，就是和我们围着火盆、烤着柑橘，空气里洋溢着甜蜜而温馨的橘子香。

所谓“多则惑，少则得”，那时人们对生活物资的使用是有计划的，水果更是稀罕物。我们吃东西也是有计划的，即便是过年，那柑橘也是有计划的，每个孩子只能得到一个。我们会很爱惜地剥橘皮，很爱惜地吃每一瓣橘，那样的满足和喜悦，时下再也无法体会。有一年，我咳嗽大半个月不见好，小屁股被肌肉针打肿了，坐都坐不稳，母亲见我可怜，就格外多分了一个橘子给我，还将剥下的橘络泡在水里，一定要我喝了水并吃了橘络。那一次是我觉得病得最值得的一次，以至于妹妹问母亲，什么时候她也可以像我这样生病。

橘就这样很清晰地留在我的记忆里，还有橘子罐头，还有冰心的散文《小桔灯》，那是属于一个时代的气息。橘是道地的、土气的，也是凝结了浓厚亲情的，直到香港电影《屈原》上映，一首插曲《橘颂》让我彻底颠覆了对橘的印象，那一年，我十岁。

这部香港的影片，用镜头语言叙述了屈原的一生，用蒙太奇的视角艺术吟诵《楚辞》，让我记住了屈原，更记住了《橘颂》。那个弹唱着《橘颂》的婢女婵娟，被我一直怀念着。橘，在她吟唱"后皇嘉树，橘徕服兮。受命不迁，生南国兮"的悠扬歌声中脱胎换骨成为某种精神象征。或许生在那个时代的屈子，无奈于政局黑暗，唯寄情草木，将自己的爱国主义情操、不与世俗同流合污的品行、不迁不移的忠诚，借颂橘而抒怀。一曲《橘颂》让我明白，橘，不仅仅是吃的。

楚香里的橘

植物最讲环境与水土，换个时节与地方，已然物非物。橘在南方是很常见的水果，但若是移栽到北方，就像变种了一般，长不出原来的模样，于是就有了“橘生淮南则为橘，生于淮北则为枳”的典故。这则关于物产的外交史料耐人寻味，说的是齐国晏婴出使楚国，楚王早就耳闻晏婴善辩，决定羞辱他，于是当着晏婴的面，提审犯了偷窃罪的齐人，然后似笑非笑地问晏婴：“你们齐国人是不是都喜欢偷别人家的东西啊？”晏婴并不直接回答，而是先用“橘生淮南则为橘，生于淮北则为枳，叶徒相似，其实味不同，所以然者何？水土异也”的自然现象，再引申到人“今民生长于齐不盗，入楚则盗，得无楚之水土使民善盗耶”，由此维护了尊严，这是何等的机智！

现在常见的橘虽看似平常，却是香药同源的上品。原因是橘皮含有丰富的挥发油，有着“香雾噀人惊半破，清泉流齿怯初尝，吴姬三日手犹香”的美誉。橘肉不仅酸甜可口，且开胃润肺，祛痰止咳，就连网织在橘瓣上的橘络，也有顺气化痰、消炎活血的功效，难怪母亲常常会将我们不吃的橘络泡在水里，哄着我们喝下去。

橘与甘草一样，能调合诸药。在楚香诸多的香方中，橘常与白芷、苍术、丁香、艾叶、藿香等为伍，用于预防感冒，在端午节还可用来制作香囊避邪祛晦。

橘越淮南而为枳，可见橘的地域性，也代表着文化的差别，中西方香文化的差别，也可通过橘略见一斑。东方将果实之皮通过日晒和密藏，制成化痰平喘的理气药，谓之陈皮；西方将白色的、香得有点带臭的柑橘花命名为橙花，通过蒸馏萃取花瓣里可安抚情绪、调节内分泌的精华，谓之精油。

年关将至，我想吃的橘，已然不再是大舅从宜昌背回来的那种，橘的品种太多了，我的胃口却淡了。过年期间我送给大家的新年礼物，是一枚楚香香囊，在十多味香药中，由橘制成的陈皮，是最香的。

香药同源之品香药

橘，芸香科植物，早在汉代就有大规模人工种植的记载，当时柑、橘不分，直到后来李时珍在《本草纲目》中做了翔实的分类："橘实小，其瓣味微酢，其皮薄而红，味辛而苦。柑大于橘，其瓣味甘，其皮稍厚而黄，味辛而甘。"无论是柑还是橘，其通身都可取材。果肉酸甜，润肺开胃；果皮存放即是陈皮，可祛痰止咳；橘络也有通络顺气等功效。陈皮与香茅、艾草一样，是楚香制作中最为常用的香药材之一。

楚香之香方一味

锦瑟香身佩珠

檀香30克，柑橘花30克，桂花20克，乳香20克，龙脑少许。将柑橘花晾干，细磨，合诸香，窨月余，取出合以黏粉，置香珠模具，制作香珠，晾干，打磨，串成香珠佩饰，既可香身又可避晦。

中医药方一味

橘皮枳实生姜汤

橘皮一斤，枳实三两，生姜半斤。上三味，以水五升，煮取二升，分温再服。治胸痹，胸中气塞，呼吸短促等。

参照《金匮要略》

一诗一香草

《橘》

在南国长一树倾城风姿
捞水中残月
拥挤成打湿的心思
见诗人居庙堂哀民不聊生
叹君王亲谗佞放逐贤臣
心碎成瓣瓣的晶莹
千丝万缕缠绕不移的忠贞
何以解忧的岂止杜康?
化郁的果在枝头青黄纵横
三十年河东河西是人的事
千万年的淮南淮北
立锥之地站成不倒的旗帜
陈年的芬芳泡进茶里
喝一口装醉了
来说一段诗人的往事……

花语

橘,芸香科植物,橘子花洁白芬芳,花语是吉祥如意、大吉大利。

柘

和酸若苦，陈吴羹些。
胹鳖炮羔，有柘浆些。

摘自《招魂》

【译文】
调和好酸味和苦味，端上来有名的吴国羹汤。
清炖甲鱼火烤羊羔，再蘸上新鲜的甘蔗糖浆。

《楚辞》中最令人产生食欲的，莫过这一句“和酸若苦，陈吴羹些。胹鳖炮羔，有柘浆些”了。通读《楚辞》，我常常会被字里行间的志向与精神洗礼，唯有《招魂》中这一句，总算是让我感受到丝丝的烟火气。最早读到这一句时，我想到红楼梦里的刘姥姥，进了大观园吃了精烹的茄子，啧啧称道居然吃出了肉的味道，再读《楚辞》里的《招魂》，我发现曹雪芹曹翁的眼界，无关风月尽是风物，书中常有的吃喝玩乐、诗酒花茶，也仅停留于富贵人家的排场。若谈高级感，妙玉那煮雪烹茶的景致，方能与这一句“调和酸味和苦味，用吴地的羹汤，清炖的甲鱼和烤炙的羔羊，配以新鲜的甘蔗汁”相提并论。那五年的梅花雪水固然难得，但相比这祭祀饮食的讲究，还是略有逊色，特别是“柘”即甘蔗，在两汉之前是极其稀有的，相比那收得一瓮梅花雪水的小资格调，将新鲜的甘蔗汁淋在鳖羔之上，才是王室贵胄的大手笔。可见当时的祭祀之风极其奢华。史有记载，在楚地，这样的美味不是给人吃的，而是敬奉天地鬼神，《招魂》中的这一句，描绘屈原在楚怀王去世后，用包括甘蔗在内的佳肴呼唤君王游荡的灵魂归来。

事实上，我国古代帝王、名士偏爱甘蔗的，不乏其人。传说，魏文帝曹丕最爱吃甘蔗，他和大臣们议事时，边吃边议，下殿时还把甘蔗当手杖拄着。被誉为“中国书画之祖”的东晋画家顾恺之，每次吃甘蔗，都是从尖头向下吃。人们对他这种吃法都感到奇怪。他解释说这样是“渐入佳境”，为此留下了一段脍炙人口的史话。而我对甘蔗最深刻的印象却是来自一部言情小说，那是琼瑶的《彩霞满天》，在结尾，男女主人公在历经千辛万苦，终于可以修成正果之时，女主人公那濒危的生命正是一杯甘蔗汁救活的。男主人公端来一杯甘蔗汁告诉女主人公说，他只有两块钱，只能买半杯，但是，别人却给了他一杯。他说：你看，这世上还是好人多。这个桥段一直深深地打动着我。其实我不太喜欢喝甘蔗汁，我觉得太甜了，但是，我却相信这世上还是好人多。

楚香里的柘

甘蔗现在是很普通、很平民的水果。《楚辞》里的这篇《招魂》已有关于“甘蔗”的记载，可见早在战国时期，楚地已经有了甘蔗这一植物，并被贵族阶级用于祭祀。到了两汉时期，楚地甚至有了规模化的甘蔗种植，这一点可见于司马相如的《子虚赋》：“其东则有蕙圃，衡兰芷若，芎藭昌蒲，茳蓠麋芜，诸柘巴苴。”可见云梦大泽的植被茂密，也有柘之青纱帐的身影。几千年过去了，许多的物品会发生变化，使用方法也会有些改变，唯有甘蔗的吃法没有变。

从这一点来看，甘蔗好像就是用来吃的，合香没有办法用上它，其实不然。从《招魂》来看，楚人早在几千年前就将甘蔗汁用于祭祀，秦汉之后，外域香材增多，丰富了楚地的合香方法。用甘蔗汁和沉香、檀香、琥珀、柏子仁、益智仁、厚朴、玄参、菖蒲、苍术、茯神、熟地、生地、夜交藤可合一款安神香，非常美妙。这也是传统楚香中最有特点与功效的香方之一。这让我想起李后主的“鹅梨帐中香”，仿佛有同出一辙的妙用。鹅梨帐中香取了鹅梨的甜，楚香安神香则是取了甘蔗的甜，看来睡梦香甜也是有出处的。

甘蔗用于合香，最有名的是宋代的“四弃香”，那个时候的文人追求清雅，又囊中羞涩，便有了苏轼于山岩上“铜炉烧柏子，石鼎煮山药”(《十月十四日以病在告独酌》)的穷玩。明代周嘉胄《香乘》中有一味“山林穷四合”的香方是这样记载的：以荔枝壳、甘蔗滓、干柏叶、黄连和焚，又或加松球、枣核、梨核，皆妙。宋代文风鼎盛，雅事频繁，因此沉檀龙麝成为贵族阶级用香的主流，直到以苏轼、黄庭坚这些独领风骚的文人雅士开始用小四合，这山林穷四合便名噪天下，以至于朝廷后宫也纷纷效仿，显示自己的廉洁。至清代，更有在元日于太和殿焚四弃香的仪式，况周颐的《眉庐丛话》记载：“每岁元旦，太和殿设朝，金炉内所香名四弃香，清微澹远，迥殊常品，以梨及苹婆等四种果皮晒干制成。历代相传，用之已久，昭俭德也。”

甘蔗就这样从宫廷到民间，再从民间到宫廷，来了一趟风水轮流转的芳香旅行。

香药同源之品香药

甘蔗，禾本科，多年生高草本，品种诸多。《群芳谱》中收录的品种就有竹蔗、荻蔗、西蔗、红蔗数种。甘蔗目前为蔗糖的主要原材料。楚香合香多用甘蔗滓及汁，取其甜，可怡情安神。

楚香之香方一味

甘蔗香茅汤

甘蔗1支，荸荠10枚，鲜白茅根10克，煮汤加冰糖。香汤清甜可口，补肺益脾，对口腔溃疡、便秘等皆有功效。

中医药方一味

甘蔗米粥

用于虚热咳嗽，口干涕唾。甘蔗汁一升半，青粱米四合，煮粥，日食两次，极润心肺。

参照《本草纲目》

一诗一香草

《柘》

我的故事是一节节的

有色的皮　淡香的味

站在青纱帐里

也是娉娉婷婷地独立

星空下的一帘幽梦点着灯

变成萤火虫往外飞

夜织的网中有千千的结

被我有序地排列

心结变情节

在拔地而起之时

去体验总也解不开的结

直到有一天被榨成汁

你喝了一口说好甜

我才在一节节的粉碎中

结，已解

花语

柘，现名甘蔗，禾本科植物。甘蔗寓意节节高升，永远甜蜜。

艾

何昔日之芳草兮，
今直为此萧艾也？

摘自《离骚》

【译文】
为什么从前的这些香草，
今天全都成为荒蒿野艾？

2020年的春节，新冠肺炎病毒将整个大武汉封锁在围城里。每天更新的新增确诊数据，压抑得让人喘不过气，特别是当你得知熟知的朋友被感染时，那种无奈与无力，那种说不出来的悲恸，令人刻骨铭心。

在完成了志愿者紧急救援工作后，我开始回归自己的空间，将隔离谓之闭关，每天通过网络与亲友互报平安。世界在此时仿佛被设计在一场游戏里，我恍然是在一个梦境里。

当大家抢购各种防疫用品时，我以艾草为君，以香茅、苍术、藿香为辅，调了香药，每天在家里各个角落熏起，在氤氲的香气中，心里会生出一种安定和信心来。

在我小的时候，家里会在端午前后使用这个配方。那个时候没有空调，大家都还用着蚊帐，傍晚，大家摆起竹床阵，母亲就会用艾香前后左右地熏一遍，以至于我们家竹床旁边，结阵抱团的特别多。在还没有钻进蚊帐前，我们喜欢搬着小板凳围着会讲故事的长辈，听着奔月的嫦娥、聊斋里的狐仙等故事。被母亲熏过的场域，可以让我们不被蚊虫骚扰，安静地去听精彩故事，我童年里的夏季，充满了艾香的记忆。

这样一味从古至今被广泛使用的香药，不知道为何在《楚辞》里扮演着奸佞的角色，这一点，我着实没有办法理解。在端午节，吃粽子插艾叶是沿袭了几千年的民俗，纪念屈原则将这个传统节日升华到爱国主义的人文高度。民谚有"清明插柳，端午插艾"之说，从这个角度看，在《楚辞》所有植物中，也许只有艾草与屈原的联系最为紧密了。但在屈原眼中，为何艾却是不甚招人喜爱的恶草呢？"何昔日之芳草兮，今直为此萧艾也？"大意是：为什么曾经的芳草啊，如今竟然和白蒿、艾草同流合污。"蓬艾亲入御于床笫兮，马兰踸踔而日加。"大意是：那粗陋的蓬艾居然用来铺床，杂草马兰却越长越高。总之，艾就这样，每次的出现都是为了衬托兰蕙椒桂之高洁与清香，就连毛泽东在《七绝·屈原》中，也如此写道："屈子当年赋楚骚，手中握有杀人刀。艾萧太盛椒兰少，一跃冲向万里涛。"

我时常想，如果人生可以如穿越剧中那样重新来过一次，屈子诗赋里的艾，会不会换个角色出现呢？

楚香里的艾

艾在楚香中，最为突出的特点不是味而是性，虽然每一味香药在性味上各有特点，但独有艾被大家广泛运用且流传几千年。《孟子·离娄上》中有“七年之病，求三年之艾”之说。《金匮要略》更是记载艾是温经止血的良药，配伍生地、生荷叶、生柏叶可治疗血热妄行所致的咯血等病症，更有暖宫安胎之用。因此在所谓的“宫斗”影视剧中，惯用的桥段便是麝香害人，艾香保胎。

说到三年之艾，我想起了《诗经·采葛》对艾草的记载：“彼采葛兮，一日不见，如三月兮。彼采萧兮，一日不见，如三秋兮。彼采艾兮，一日不见，如三岁兮。”一日不见如隔三月、三秋、三岁，那是怎样的一种思念和深情啊？

在楚香配伍中，艾叶最为常用的方式是在端午节制作香囊，用于祛病避疫，艾绒还可制成艾灸，灸疗病灶与穴位。

一般来说，艾叶是越存越好，无所谓过期之说。在《离骚》诗赋中作了几千年恶草的艾草，在人们防疫除虫时，倒成了功臣。人世间的事情，草木大概永远都不会懂，它们只是借着阳光，永远地向上。

此时，看着窗外明媚的阳光，草木正欣欣然，我又添了一炉香，憧憬着不久的三月，一定是山茶流红，麦苗铺绿，而我们是否可以相约着去踏青呢？

香药同源之品香药

艾，性味为辛、苦、温。有小毒，归肝、脾、肾性。《本草纲目》如是记载：艾，苦，微温，无毒。灸百病。可作煎，止吐血下痢，下部匿疮，妇人漏血，利阴气，生肌肉，辟风寒，使人有子。作煎勿令见风。艾是楚香中最为常用的香药材，多和藿香、苍术等配伍，是端午节避疫祛邪常用的香药。

楚香之香方一味

福艾祛浊香

檀香50克，艾叶30克，桂花10克，陈皮10克。研末，制线香，适合客厅及公共场合焚熏。

中医药方一味

香艾丸

艾叶（炒）、陈橘皮（汤浸去白，焙）等份。每服20丸，空心盐汤送下。治气痢腹痛，睡卧不安。

参照《圣济总录》

问昔日之芳草兮今直为此萧艾也

《艾》

关于忠奸是书本上
一朝天子一朝臣的故事
我从来不想辩解
因为那是人想说的事
我是盘古开辟天地时
被贬谪凡间的种子
长成一片的苍郁
被人冠以他们想表达的名字
人啊　从来都口是心非
称艾却不爱　我终不是
案头的清供与雅赏
于是我可以自由地疯长
餐风饮露
野火烧不尽的脾气
自成一味被装进容臭
我的爱　性辛入肝肾
温软成盈盈在握的药引
陈三年可治一日不见的相思
陈七年可治伤离别的相思病
情炙似火
将那望穿秋水的星眸
熏得泪流不止

花语

艾，又名野艾、五月艾，菊科类草本植物。艾草的寓意是燃烧自己，护佑苍生。

柚

新伐橘柚兮，列树苦桃。便娟之修竹兮，寄生乎江潭。

摘自《七谏·初放》

【译文】

砍伐橘柚佳树，却一排排栽植苦桃恶木。可叹那婆娑修美的翠竹，却只能孤零零地在江边独处。

柚和橘仿佛是兄弟，一个硕大一个娇小，味道也相仿，都是我平日里喜欢吃的水果，且我爱吃酸酸的那种。每次我去买柚子时，摊主会因为夸张地表示他的柚子有多甜，而莫名其妙地做不成生意。

后来搬到新小区，我住的单元一出门就有一棵柚子树，旁边还有一棵四季桂花树。在我的气味记忆里，桂花好像总有花期，开了落，落了开，以至于花开花落，已然没有什么感觉，倒是桂花的香气形成我进入门栋前特有的氛围，有时在别的地方闻到桂花的香气时，我会在恍惚间以为回家了。

有一年秋天的夜晚，下了一夜雨，清晨，我出门见了一地的金黄，有几朵小小的洁白花朵落在其间，格外醒目，我这时才闻到原来熟悉的桂花香里，掺入了一丝甜滑的清新，在空气里形成了一种特别能引起人食欲的香味。这种香味，丝般的柔滑，吱溜一下被吸进鼻子，我的脑子骤然很喜悦地清醒起来。这时我才发现柚子花开了，如果不是这场雨，它的清香定是敌不过浓郁的桂花香，因此这么多年，我只看到柚子结果，却没有留意花开，一场雨，将这股清香打湿后与桂花香在空中碰撞出气味的交响乐，形成了一种独特的，只可意会不可言传的香气。

再后来，每次出门时，我都会刻意去品味这样融合的气息，被桂花熏麻木了的鼻子，只到这时才被唤醒，并慢慢熟悉了这种融合的气息。不久，我就可以看到青青的柚子挂在枝头，再过了一阵，抬头看，发现柚子已经长成硕大的葫芦形，藏在枝头，犹抱琵琶半遮面。

听长辈说柚子的意思是“佑子”，那时我不谙世事，固执地认为这是迷信。直到我在《楚辞》里看到柚子，想象着几千年前的柚子是不是也被楚人寓以此意？会不会与现在屋前挂果的柚子同为一物呢？

那么且不将柚子当做柚子吧，诗人以“杂橘柚以为囿兮，列新夷与椒桢”来描绘自己屋前的橘与柚、屋后的新夷与椒桢，如果你真的当他是在说房前屋后种植的这些植物，那就大错特错了。作为士大夫的诗人，他眼中的一草一木，都有思想，都是表达他喜怒哀乐的有情物。

追溯柚子这古老的树种，早在战国时期就有人工栽培。我特别喜欢《吕氏春秋·本味》中这样一句记载：“果之美者，云梦之柚。”虽八个字，又离我们几千年，文词与意境之美却是穿越千年古今不变。如此鲜美的云梦柚，在当时也不是普通的农产品，唯有君王贵族能够享用，因此又有了“江浦之橘，云梦之柚……非先为天子，不可得而具”的记载。如今，随着种植技术的发展，更多味道甘甜、汁多肉厚的柚子挑动着人们的味蕾，如沙田柚、琯溪蜜柚、红心柚等。

可能同属芸香科植物，《楚辞》至少两次提到的柚子，都与橘子形影不离。除了上述的“杂橘柚以为囿兮，列新夷与椒桢”，我印象深刻的还有“斩伐橘柚兮，列树苦桃”这一句，大意是“将美好的橘树柚树砍伐啊，却种上恶木苦桃”，可以看到诗人的悲凉忧愤之心溢于言表。纵观中国古代文学，鸿篇巨帙不胜枚举，而以众多植物抒发情怀的首推《楚辞》。由此，我再去品味楚香的气息时，格外多出了一份诗人悲天悯人的感受，这是否正是楚香的灵魂呢？

楚香里的柚

在《楚辞》中，橘与柚仿佛孪生兄弟，形影不离，而在药典里橘柚也是相伴而行，如《神农本草经》中有一则记载：“橘柚，味辛温，主胸中瘕热，逆气，利水谷。久服去臭下气，通神。”而在《千金翼方》中，橘、柚并列为二十七味木部上品。在楚香的运用上，橘、柚虽也会同时出现，但在使用上多以橘皮为主，也就是大家熟知的陈皮。而柚皮则选择化州柚，即化橘红，又称柚皮橘红，不是我们通常食用的如葫芦状的柚子了。

楚香在配伍上有几味用到橘柚皮的香方，多作理气、健胃、消食之用，橘柚皮是被运用较多的理气香药。《本草纲目拾遗》对橘柚的记载非常明确，即“治痰症，消油腻、谷食积，醒酒，宽中，解蟹毒”。楚香中的“蕊珠”在配方上即运用了桂花、陈皮、丁香、檀香等，每在餐前或餐后燃上一支，总会给人间烟火增添一味脱俗的香甜。

用橘柚皮制香，需香家特制，我喜欢用柚皮制香，玩法犹如制作小桔灯。我曾在一本书上看到过这样的记载：“中秋夜，童子取红柚雕花，或作龙凤形为灯，携以玩月。”寥寥数语，趣味横生。文字仅在趣上达意，而真正将柚掏出果肉，将厚厚的柚皮雕上简洁的花纹，点上蜡烛，关上灯，在黑暗中，柚皮透着光亮影影绰绰，那微火的热度让柚皮的香气随着光影散发出来，将黑暗熏染得格外亲切与安逸，这样的一夜，定会香梦沉酣，心宁神安。

香药同源之品香药

柚子，芸香科植物，果肉营养丰富，果皮富含挥发油。陈皮、化州柚都为理气良药。柚子花洁白清香，在楚香制作上，多作醒神化浊理气之用。诸多楚香方中的记载中皆有运用。

楚香之香方一味

福佑香身牌

沉香30克，柚皮30克，厚朴10克，佩兰20克，藿香10克，柚子掏出果肉，需先阴干三日，再加入香茅香材，晾干封存一年或三年以上。取出香茅另存备用，柚子皮用铡刀分切，研末，筛细，与诸香合，可制成熏衣香牌或熏衣香包挂至衣柜。在梅雨季节直接熏用香粉，祛霉化湿的效果非常明显。

中医药方一味

化橘红散

化橘红、半夏各五钱，川贝三钱，共研细末。每服二钱，开水送下。有治痰喘、清肺顺气之功效。

参照《常见病验方研究参考资料》

斬伐橘柚兮列樹苦桃便娟之脩竹兮寄生乎江潭

《柚》

我曾经是一条鱼
游在不知名的河里
一肚子的心事一肚子的籽儿
从上游滑到下游
再从下游争到上游
看千帆过尽
离别处风景每生愁
我的眼睛生生地睁着
你看不见我的眼泪
在水里流干了
我向神仙千祈万求
能否将有情与无情交换
不要再让我体感喜怒哀愁
我剐下千万片银鳞做交换
终于有一天
我醒来被高高地挂在枝头
还是鱼的样子
满腹的籽点化成养胃的果肉
酸甜中的苦
在杨柳岸晓风残月处
醒那都门帐饮无绪的酒

花语

柚,芸香科,柑橘属植物。柚子花洁白芬芳,它的花语是苦涩的爱。

桂树

桂棹兮兰枻，
斲冰兮积雪。
采薜荔兮水中，
搴芙蓉兮木末。
摘自《九歌·湘君》

【译文】
玉桂制长桨，木兰作短楫，
划开水波似凿冰堆雪。
想在水中把薜荔摘取，
想在树梢把芙蓉花采撷。

北宋周敦颐的《爱莲说》开篇即说“水陆草木之花，可爱者甚蕃”，但是在他寥寥百余字的“可爱者”中，仅拈来几株作了配角，将在污泥里长出来的莲花做了全面的、上升到人格高度的阐述，从此莲花便不再是凡物，是圣洁的仙子，而其他几株花算是蹭了个“热点”，也随之流芳百世。

相比这些花，桂花的芬芳不逊其中任何一株，可惜榜上无名。尽管不被周敦颐记录在册，桂花早在几千年前就已经香满书页了。在《楚辞》中，桂与桂树是两种植物，桂通常指的是肉桂，桂树才是指桂花树。这两种植物都为香木，在《楚辞》中已有了很明确的描述。我尤其喜欢《九歌·湘君》中的“桂棹兮兰枻，斲冰兮积雪”，意思是“荡起桂木双桨驾着兰舟，乘风破浪卷起千堆雪”。我感觉千年后的苏轼一定受《楚辞》影响颇深,从《赤壁怀古》的“大江东去,浪淘尽……卷起千堆雪”的气势中,从《前赤壁赋》的“桂棹兮兰浆,击空明兮溯流光”的情调中,可见其文风颇受《楚辞》影响。

而我最向往的生活居所正是“荪壁兮紫坛,播芳椒兮成堂;桂栋兮兰橑,辛夷楣兮药房”(《九歌·湘夫人》)所描绘的那样,如果真能住在“香荪饰墙紫贝铺庭院,花椒香味浓郁充满厅堂。桂木做正梁,木兰做椽子,辛夷做门楣,白芷装饰的卧房”这样的空间,那是何等的浪漫。

几千年前的楚人已将如此的起居呈现于纸上,这样的生活状态令人心生向往,且只能向往,难以复制。

楚香里的桂树

说到楚香,肉桂与桂花都是运用较多的香材。桂花在楚香的配伍上尤为特别,因为在众多的香药中,它是为数不多的、可以单品的香。

如果将牡丹、蔷薇比作艳丽的宫廷后妃,那么桂花更像是邻家小妹,不时就会与你打个照面,那过程、那香气,平常得犹如邻家小妹刚洗过头发,与你迎面相逢,飘逸地一甩,那份香气是滑过来的,很柔顺。

童年的夏夜,我最爱听的故事是“嫦娥奔月”,当时真的被神话中的情节深深吸引,以为明月里那阴影部分正是吴刚砍不倒的桂花树。因此每当明月升起,我都会仰望夜空,呆呆地看着明月,仿佛身临其境地看着吴刚砍树,看着嫦娥孤寂地怀抱玉兔。

后来,无论我搬到哪里,桂花常常出现在房前屋后,见多了，也就熟视无睹了。唯有到了秋天，我会在雨后的清晨，撑着一把伞在桂花树下，摇动树干去接飘落的桂花。

我会将那半开的桂花拣出来，依着宋人的木樨香古方合香，再将全开的拣出来做桂花蜜和桂花米糕。每年的秋天，在我的印象里是最香的，香得可以含在嘴里。

桂花与艾草、香茅一样，都是楚香中最具代表性的单方香，因此楚香在用桂花配伍时，有单品的，也有合香的。单品时配上龙脑，合香时多用丁香，是香家惯用的手法。除了这些玩法，我甚是喜欢《陈氏香谱》中记载的木樨香方，仅看文字足够我享受半晌，如是摘录："沉香一两半，檀香二钱半，丁香五十粒，金颜香三钱，麝香少许，龙脑少许，木犀花五盏，右以少许，薄面糊入，所研三物中同前四物合剂，范为小饼，窨干，如常法爇之。"奇妙的是，我如法炮制的木樨香，已然不是单纯的桂花香，多了一些厚重的韵味，上炉后，丁香的张扬携着桂花香铺张出来，直到后来，一丝龙脑的清凉将香气涤荡干净，我才会想起杨万里的"清风一日来天阙，世上龙涎不敢香"。

香药同源之品香药

肉桂与桂花，都是性温味甘的香材。肉桂为樟科，桂花为木樨科，虽分科不同，却都有温里散寒、通经活脉之功效。肉桂的树皮，其性大热，具补火助阳，引火归元之用；桂花有散寒破结、化痰止咳之功效。两味香药不仅可用于楚香的合香，同时也是上好的食材，肉桂为厨房里的大料，桂花更是各种小食品里芬芳的佐料。

楚香之香方一味

白露怡秋香

沉香30克,桂花30克,丁香20克,琥珀20克。半开桂花阴晾时,先用香茅草打底,铺开晾数日,水分充分挥发后,在桂花上再铺一层明前绿茶,再晒数日后,悉数罗出桂花,捣细,研末,筛,粗末可电熏,细末加楠木黏粉,择雨日合香,手工搓香,窖月余,茶前饭后熏之皆妙。

中医药方一味

治口臭

桂花6克,蒸馏水500mL,浸泡一昼夜,漱口用。

参照《青岛中草药手册》

《桂树》

那桂栋兰橑的房
困了已醒的遥望
涉水跋山
与你隔世闻香
这一路的辛苦
是浓烈的丹方
携香梦游
迷路在菩萨的仙房
将忘情水与月宫桂
炼了千年的几枚回春香
吃一粒保不老的容颜
吃两粒保不变的情长
无计消除锁眉上
解千千结试问何物
令人牵肚挂肠
就这样被困红尘厚土
回不去的月宫
将桂树迁过天河
开一树的芬芳

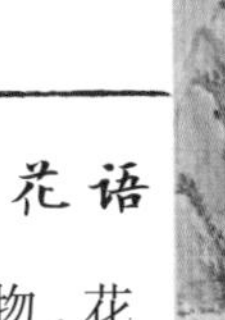

花语

桂树，木犀科，小乔木植物，花语是永伴佳人。

石兰

被石兰兮带杜衡，
折芳馨兮遗所思。
余处幽篁兮终不见天，
路险难兮独后来。

摘自《九歌·山鬼》

【译文】
我身披石兰腰束杜衡，
折香花赠予君以解相思。
我身居幽深竹林不见天日，
路途艰险步履维艰姗姗来迟。

《楚辞》中的“兰”各色各样，据统计共在二十多句中出现，与之媲美的“蕙”也在二十多句中出现。“兰”与“蕙”在《楚辞》里芬芳呼应。由此，我忽发奇想，“兰心蕙质”这个词，是否出自我们楚地？

兰的家族如此庞大且又名扬天下，被盛赞为“君子”。在《楚辞》中，香草类的有泽兰、佩兰、幽兰、石兰；香木类有木兰、紫玉兰；恶草类的有马兰。同为一样名号的草木，却是大相径庭，不能相提并论，最有意思的是被诗人借喻，还被分出了忠奸谗佞。

如果说兰是名门望族，各色的兰花好比大家闺秀，那石兰则是金庸先生笔下的小龙女，是深居山谷的神仙姐姐，美得超凡脱俗。

"石兰"在《楚辞》里的出现频次远不及其他"兰",仅有两处,因此更显得清丽脱俗。"被石兰兮带杜衡,折芳馨兮遗所思。余处幽篁兮终不见天,路险难兮独后来。"这句诗出自《九歌·山鬼》,意思是:"我身披石兰腰束杜衡,折香花赠予君以解相思。我身居幽深竹林不见天日,路途艰险步履维艰姗姗来迟。""白玉兮为镇,疏石兰兮为芳。芷葺兮荷屋,缭之兮杜衡。"出自《九歌·湘夫人》,意思是:"我用白玉做成镇席,陈设满屋的石兰芳香盈室。我在荷屋上覆盖芷草,再用杜衡萦绕满院飘香。"诗意之美,不可方物;诗境之美,不可言说。这样的点评丝毫不夸张,因为这写的本来就不是世间平常事。

楚香里的石兰

楚香可谓楚地的兰蕙之气,兰心蕙质体现着楚人的浪漫气质,石兰正是兰心蕙质的代言植物。

石兰又名石斛,美名曰金钗石斛。石兰花开时鲜艳芬芳,应着"兰心";花落时那节节的枝干是难得的滋补药材,又应着"蕙质"。石兰真的很契合"兰心蕙质"这个词。这使我想到当下一句流行语:好看的皮囊千篇一律,有趣的灵魂万里挑一,有用的花枝实属难得。

石兰有别于其他兰,正是源自此,它那如金钗般的花茎,在《神农本草经》里被列为上品。据记载,金钗石斛味甘性平,补五脏虚劳羸瘦,滋阴滋肺安脾,久服厚肠胃,轻身延年。历史上许多医家皆称服用石斛"干之而不槁,嚼之且无渣渍,味醇厚无脂膏,养胃益液,却无清凉碍脾之虑,确为无上妙品”。以石斛代茶，生津润喉，嗓音不衰，养生抗癌，益寿延年。因石兰有此特效又实属难得，所以石兰素来就有“千金草，软黄金”之称。如此仙草早在几千年前即出现在《楚辞》中，现今以安徽所产霍山石斛最为道地。

在楚香配伍中，金钗石斛因味平香薄，并不适合作为调配香材，加之稀缺，用之合香真有暴殄天物之嫌。然而中医名方中有一则“金钗石斛丸”，是将川椒、苍术、羌活、茴香、马蔺子、金铃子等十多味中药材研为细末，酒煮面糊为丸，做成梧桐子大，益五脏，通血脉，驻颜色，润发质，壮筋骨等。这样一味金钗石斛丸俨然是“十全大补丸”。有一年冬天，我因体寒虚冷，得了这十全大补丸子，吃了几天后，手脚竟真的没有原来那么冰凉，有一次竟动了奢侈的念头，没有用其进补，而是置于香炉，用一枚香炭做了隔火熏香的暖手炉。那一天满屋的暖香，令人心生暖意，倒不觉得冷了。

香药同源之品香药

石兰，又名金钗石斛，是生长在山崖岩石上的兰花。据宋代苏颂《本草图经》记载：石兰多生山谷中，五月生苗，茎似小竹节，节间出碎叶，七月开花。李时珍称其茎状如金钗，石兰由此得名“金钗”。石兰花香馥郁，却少有人用其花合香。一则因花开崖石，常人难得；二则花香于盛开，花殒香消。而金钗石斛的花茎，除了富含丰富的生物碱，是难得的中药材外，更富含丰富的植物胶质，是合香最上乘的黏合剂。若香家用金钗石斛合香，其奢侈之心态，也是不输传言中隋炀帝除夕夜烧沉香山。

楚香之香方一味

静妙闻思香

奇楠50克，丁香30克，乳香10克，香茅10克，桂花阴晾铺底，乳香磨极细，与奇楠合，再加入丁香，最后入香茅，用金钗石斛黏合，在手心充分黏合至柔软绵弹，置瓷罐密封一周后，取出，制丸如黄豆大小，再封存。月余取用，可用电熏于书房或卧房，香气清妙脱俗。

静妙闻思香是楚香中最珍贵的香品之一，最初选材用百年老红柏根，后改用奇楠。静妙闻思香常用于静坐禅定，因此此香极讲究，不仅要求制香人在合香前沐浴更衣，更需斋戒数日，并对香材及合香时间、天气等也有讲究，合香时间一般都选在雨天辰时，对红柏根与奇楠的含油量、乳香的原产地、丁香果实的大小也皆有讲究，自然选用上等的金钗石斛为黏粉，此香难合更难得。

中医药方一味

金钗石斛丸

川椒（去目，微炒出汗）4两，胡芦巴（炒）4两，巴戟天（去心）4两，地龙（去土，炒）4两，苍术（去浮皮）16两，乌药16两，川乌头（炮，去皮脐）8两，羌活（去芦）8两，茴香（炒）8两，赤小豆8两，马蔺子（醋炒）8两，金铃子（麸炒）8两，石斛（去根）8两，青盐2两。补五脏，通血脉，驻颜色，润发进食，肥肌，大壮筋骨。

参照《太平惠民和剂局方》

《石兰》

因为孤芳
我将自己闭关于悬崖
从来不想被人赏
俯瞰江山如画
几多的美人如流云
携无数英雄的气概
在舞台上空走过一场
来不及谢幕已掩埋
远不及我孤零零
遗世独芳
七月的酷阳
炼狱里恣情绽放
唯神仙出天门踏云撷香
节节凌云不输劲竹
立锥岩石看尽人事
不为人知的遥望
那世故常态无非七情
如花事岂有百日的芬芳
倒不如我坦荡荡
枯萎成金钗潜红楼
镜花水月里贴花黄

花语

石兰，又名石斛、金钗石斛，兰科类植物，花语是亲爱的，欢迎你！

茹

曾歔欷余郁邑兮，
哀朕时之不当。
揽茹蕙以掩涕兮，
沾余襟之浪浪。

摘自《离骚》

【译文】
我泣声不绝啊烦恼悲伤，
哀叹自己未逢美好时光。
拿着柔软蕙草揩抹眼泪，
热泪滚滚沾湿我的衣裳。

我一直渴望有一个可人的小女儿能代言我所喜欢的文字，因此对小说及影视剧中那些有着美好名字的角儿，总会生出由衷的欢喜，“茹”便是我喜欢的文字之一。因此，梁静茹和许茹芸，是我始终偏爱的歌手，《勇气》和《一帘幽梦》是我与友人们在KTV时最喜欢唱的歌曲。年少时不知情为何物，《林海雪原》中的女主小白鸽与少剑波的感情线，让我确定了最初的爱情观。小白鸽的芳名“白茹”，在我心中便成了纯洁爱情的代名词。

茹就这样成了我心头一直的念想。每见小说中出现这样的芳名，我脑海里就会出现清丽的容颜，她一定是有着脱俗气质的女子，她就应该是一部大戏里的主角儿。终于有一天，透过文字看内涵，茹的神秘如调香的过程，一点点释放，最后便是呼吸间的轻烟，过了眼，却再也不能忘。

植物与人，生命过程何其相似，一个于静止里经历风霜，一个于流动中感受沧桑，每一个阶段都有属于当下的命运。茹的生命过程，总让我想到“红颜薄命”的女子，《本草纲目》寥寥数语即诠释了茹的一生：“嫩则可茹，老则采而为柴。”这是怎样的悲催？同样一个生命的个体，青春正好时为“茹”，流丝缠绵化百炼钢为绕指柔，而老去的“茹”会变成柴，在一把火中成了不甘的灰烬。

“揽茹蕙以掩涕兮，沾余襟之浪浪”，似水柔情的“茹”，在诗人的字里行间竟成了拭泪的绢，掩涕而悲的是“哀民生之多艰”，这样的悲悯，透着一股辛香，沁人心脾的是千年的感伤。

“茹”就这样长在我的心里。有一次我在老家淋了雨受了凉，爷爷用“茹”煮了汤，那是一股热气腾腾的辛辣，直冲鼻喉，我眼睛一时竟睁不开，捏着鼻子喝了下去，顿感体内一股热流涌动，大汗淋漓。那一夜，在爷爷用“茹”特制的熏香催眠中，我昏昏地睡了一整夜，清晨起来，全身仿佛远行一路后丢掉了一个大包袱，那份轻松与舒畅，无以言表。从此，我随爷爷，称“茹”为柴胡。

“二月生苗，七月花香。善于和解，品性为上。”这是对柴胡最富禅机的评点。每次用柴胡合香，这诗意的句子便随暗香浮动于我的心间。我顿时从一花一叶中领悟，世间烦琐于心头似杂草丛生，若修炼的如茹不动，也便得了柴胡那般的明心见性，定不会再成绛珠仙子，为了一时的浇灌，还了一生的情泪。

于是柴胡，又成了一个话头，参一生，不知何时得悟？

茹，即柴胡，伞形科植物，味辛性寒，具解表退热、疏肝解郁之药效。它最具传奇色彩的传说，是它如仙草那般具有“起死回生”的功效。《吕氏春秋》对它有不凡的记载：“菜之美者，阳华之芸。”无论是被称为“茹”还是“芸”，能在《吕氏春秋》这样阐述历史风云的著作里留下一笔芳踪，“茹”自是不同凡响。

在《药品化义》中，有一段对柴胡的总结令我记忆犹新：“柴胡，性轻清，主升散，味微苦，主疏肝。”这一段记载是运用柴胡的通达之气解郁和疏泄滞浊，这也是楚香运用柴胡的理论依据。

医家与香家对香药材的取材与炮制各有心得，对柴胡的炮制有着异曲同工之妙。医家用醋将柴胡拌匀后用文火炒干，香家将柴胡用醋浸泡一夜，悬于砂吊，蒸汽润之后再用文火焙干，两者有些相似之处。柴胡在焙干后研末窖月余，消寒性，配伍檀香、黄芩、当归、白术、茯苓，再用琥珀润香，对肝郁气虚、脾胃失和、心烦意躁有着明显的调节作用。美中不足的是，其辛香味偏重，不够甜美，仿佛持剑的男子刚阳亢奋，多数人不喜其香气。楚香在合香时，会以薄荷、香茅、甘草佐之，以合功能性的药香为主，作为治疗伤寒及情志抑郁之药的辅助。

香药同源之品香药

茹为香草植物，又称“芸蒿”，俗称“柴胡”，不耐水浸，喜高坡旱地。《战国策》记载：“今求柴胡、桔梗于沮泽，则累世不得一焉”。柴胡性味苦寒，归肝胆经，具辛散苦泻、退寒散热之功效，可与菊花、升麻、薄荷配伍，用于治疗风热感冒等上呼吸道疾病。在楚香配伍中，柴胡也可配伍薄荷、香茅，以配合疗疾。

楚香之香方一味

柴胡姜汤

柴胡10克，生姜10克，桂枝5克，黄芩5克，甘草2克（炙）。用水1000毫升，文火慢煮，成汁500毫升，滤出，温服，适合伤风感冒及体寒手足冰凉者。

中医药方一味

柴胡疏肝散

陈皮（醋炒）6克，柴胡6克，川芎、香附各4.5克，枳壳（麸炒）、芍药各4.5克，甘草（炙）1.5克，可用于疏肝解郁。

参照《景岳全书》

《茹》

如茹不动的心

长出了草

傍于墙角

幽居成遁世的隐者

宁愿长成柴

被一把火烧掉

哀莫大于心死

承露于灌溉

想求不死的相爱

在柔软里不觉深陷

南柯一梦中淹埋

草不再是草

曾经的爱还是爱

不愿再落泪

葬花入冢

起死回生时

在高高的坡头

看流水无情

从此花开自在

花语

茹，今名柴胡，伞形科草本植物，寓意是与自己和解。

荪

绿叶兮素枝，
芳菲菲兮袭予。
夫人兮自有美子，
荪何以兮愁苦？

摘自《九歌·少司命》

【译文】
绿色的叶子，白色的花朵，
香气浓郁沁入我的肺腑。
人们自有娇美的小儿女，
你为何还要替他们愁苦？

荪，又名荃，即现在人们常称的菖蒲。我初识菖蒲，大约是在刚有记忆的童年。那时候，老家周围有一处水塘，旁边植被丛生，石头夹缝处，有一簇簇的草丛，甚是茂密，每每抚过这样一簇草的手，总会暗香浮动，在很长时间里，我不明白这留香的来历。直到后来，见祖父采得菖蒲为感冒很久不愈的我调制香药，我闻到熟悉的香气，觉得格外亲切。

我对菖蒲印象深刻的情景，还有在端午前后，家人用艾蒿煮香汤，盛进陶瓷罐，再加上一把新鲜的菖蒲，冰镇在水缸里。每天傍晚洗澡洗头，家人都会将一勺香汤汆入洗澡水里。在那个没有空调的年代，头上长疱、身上长痱子的小伙伴，格外感谢我家的沐香汤，我们在酷夏炎热里，总是安然无恙。正因如此，那股从水缸子里捞出来的陶瓷罐散放出的清凉香气，仿佛成了我的童年时代某种特殊的气息符号，每到夏季，我便油然忆起。

菖蒲便是河边的青草，普通得不被人识。你偶尔无意抚过，手留余香，你甚至都不会想起是那一小簇的植物带给你的。那时候的生活很慢，很实在，没有许多需要装饰或掩饰的，把吃饭的桌子用抹布一擦，便是孩子们写作业的书桌，因此菖蒲的雅不在书案上，仅停留在唐诗宋词里，唯有那一缕香被用于疗疾，如此实用地存在于生活中。

是不是在一花一世界的境况里，愈是贵不可及的身份却愈是显现出草芥的卑微？仿佛学问做到极致的学者总是呈现出常人不及的谦逊。古往今来，植物拟人在文学作品里司空见惯，以梅兰竹菊喻君子，以出水芙蓉比少女，这些比喻约定俗成为一种定律，没有谁会去问为什么，信手拈来地运用，形象而生动。而菖蒲这不起眼的草芥，在《楚辞》里多次出现，意喻芬芳且以尊称拟比君王，这着实令我匪夷所思，再后来看到菖蒲时，我的脑海会浮现出“七下江南”的乾隆，他的微服私访，是否为了在一湖野趣中，体会芸芸众生的乐趣，而以体察民情为借口呢？

《楚辞》仿佛是一部香草美人录，字里行间的馨香，跨越千古依旧令人唇齿留芳，无论是从“荪壁兮紫坛，播芳椒兮成堂”中看到室雅兰香，还是从“绿叶兮素枝，芳菲菲兮袭予。夫人兮自有美子，荪何以兮愁苦？”中看到诗人的忧心忡忡，菖蒲呈现的不仅仅是香草的单纯，更是承载了诗人报国无门的悲凉。

楚香里的菘

菖蒲之香犹比白芷，气息浓郁，又称香蒲。除了长在石间那一小簇的种类之外，还有一种菖蒲常在溪边河畔丛生，色泽翠绿油黑，因此有一句“水香塘黑蒲森森”（唐代贯休的《春晚书山家屋壁二首》）的诗词描绘。《本草纲目》将菖蒲分为五种，其中最常见的是水菖蒲和石菖蒲，古人以生长环境区分它们：“生于溪涧者水菖也，生水石之间者石菖。”

最被人熟知的还是水菖蒲，每至端午节，家家户户都会挂上一簇。水菖蒲叶片挺拔呈剑状线形，中脉隆起犹如剑脊，形似宝剑，有的叶片长度可达一米多，被人们称为“蒲剑”“水剑”，寓意辟邪的宝剑，可斩毒虫、驱邪气。而菖蒲的茎叶散发的特殊香气，更有驱赶蚊虫的作用，可见古人悬挂艾草、菖蒲等民俗，是多么的智慧。

在楚香的运用上，水菖蒲煎汤外洗可以治疗皮肤瘙痒，起到杀虫除浊等作用，传统简单的制作方法即用水菖蒲煎香汤，滤取药液，熏洗或者涂擦患处，止痒效果不错。石菖蒲的根茎可以入药，《神农本草经》谓其有“主风寒湿痹，咳逆上气，开心孔，补五脏，通九窍，明耳目，出音声”之效用，即其具有开窍豁痰、醒神益智、化湿开胃的作用。石菖蒲作为常用的香药，芳香走窜之气不但有开窍醒神之功，还有化湿、豁痰、辟秽之效，擅治中风痰迷心窍、神志昏乱等症。楚香在合香时，常以文献中记载的“一寸九节者良”的“九节菖蒲”与川芎、白芷组方配伍制作香囊，佩带可香身避晦；菖蒲还可与高良姜、陈皮、白术、甘草配伍，研粗末或合蜜丸，有理气温胃之用。茶余饭后熏焫，令人神清气爽。此香可作为日常香。

这些日常香不仅悦鼻息，还可悦味蕾，如菖蒲茶、菖蒲酒、菖蒲粥等，为古时匮乏的饮食平添了一味雅佐，并因具有诸多功效，被古人夸张地称之为“仙食”。

自古以来，文人雅士对石菖蒲的偏爱，可以从将它与兰、菊、水仙并称“花草四雅”中窥见一斑。明代文震亨《长物志》对这“四雅”还进行了精致点评：“花有四雅，兰花淡雅，菊花高雅，水仙素雅，菖蒲清雅。”在这“四雅”中，唯菖蒲能小隐于野，大隐于市，故被誉为“天下第一雅”。就这样，菖蒲成了文人最爱的盆景之一，文人常在案几上雅摆一隅，于闲情逸致时赏玩娱情。“雁山菖蒲昆山石，陈叟持来慰幽寂”（陆游《菖蒲》），“风断青蒲节，碧节吐寒蒲”（杜甫《建都十二韵》），从这些诗句中可以看到，古代文人雅士正是借着菖蒲于夹缝中求生存的坚韧，以及历冬而不死、遇难而不夭的坚强，以示自己的高洁情怀。

香药同源之品香药

菖蒲，又名昌阳、溪菖、剑草等，最文艺的名称为“阳春雪”，性味辛温，归心、肝、脾、胃经，具开窍理气、活血散风、去湿祛浊之功效。《本草汇言》记载：石菖蒲，利气通窍，如因痰火二邪为眚，致气不顺、窍不通者，服之宜然。若中气不足，精神内馁，气窍无阳气为之运动而不通者，屡见用十全大补汤，奏功极多，石菖蒲不必问也。因此菖蒲也成为最亲民的香养补药之一。

楚香之香方一味

菖蒲益神香

红柏50克,菖蒲30克,远志20克,龙脑少许。研末和合,龙脑后入,存瓷罐,电熏;可制线香,焚燃;可制蜜丸,隔火焫。适合在书房与办公室使用,有安心定神之效。

中医药方一味

菖蒲散

菖蒲(锉)、人参、生干地黄(洗、切、焙)、远志(去心)、白茯苓(去黑皮)、山芋各一两,桂(去粗皮)半两。上为细散。每服一钱匕,食后、临卧,粥饮调下。补心益志。主治精神恍惚,或爽或昏,意识不佳,日多伸欠,眠食不时。

参照《圣济总录》

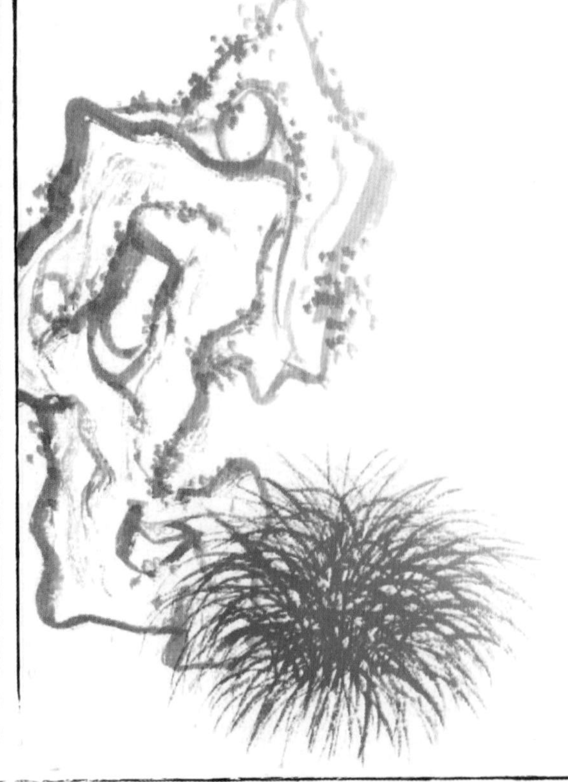

《荪》

很遥远地看花开

用柔示弱

招摇出纤细的天真

想长出不是草的模样

肆情癫狂　予以花色

留住过往的匆忙

岁岁年年

痴情枯了又长

摆出一道人设

置于几案

旁观如米的苔花

学着牡丹

盛开一景孤芳

于是推开奇石叠嶂

将一丛的碧丝

长成森林

舒展新鲜的香

花语

荪，今名菖蒲，天南星科植物，花语是爱的音讯。

茅

时缤纷其变易兮，
又何可以淹留？
兰芷变而不芳兮，
荃蕙化而为茅。

摘自《离骚》

【译文】

时世纷乱而变化无常啊，我怎么可以在这里久留。
兰草和芷草失掉了芬芳，荃草和惠草也变成茅莠。

关于茅的轶事典故，有许多流传于世，甚至还被载入史册。芳草无数，能有此殊荣的也是屈指可数，特别是因一草一木而引发战争的，或许茅不是之一，而是唯一了。

据《左传》记载，楚国行军打仗时，走在前列的士兵持茅当作旗。我猜楚人将具有灵性的香茅，作为打胜仗标志，以此祈愿神明的加持与护佑，名列前茅这个成语便由此而来。《左传》记载，僖公四年，齐桓公劳师南下，攻打楚国，楚成王派遣使者去向齐桓公讨说法，问管仲："君处北海，寡人处南海，唯是风马牛不相及也。不虞君之涉吾地也，何故？"管仲告诉楚国使者，齐国之所以讨伐楚国，是因为楚国没有及时上贡苞茅，造成周王无法缩酒祭祀；另外，周昭王南征，死于汉水，是否楚人所为？即使不是，究其原因，也与"苞茅不入"

有着说不清道不明的关系。当时势单力薄的楚国，只得认下“苞茅不入”的罪名，并表示以后一定按时上贡。至于周昭王死于汉水，楚国使者定是不敢认下，巧妙地回复得去问汉水了。

以上提到的“茅”，便是当时盛产于楚地的香草，就是这样一把香草引得兵临城下，使得本来不服周的楚成王，终因国力不济还是服了周，认错服输，再也不敢延误上贡。

茅作为当时珍贵的香草，在楚人眼里并不只是驱虫避邪那么简单，它之所以不同于其他的植物，据说是只有用茅草缩酒，才能感应神明。据《史记·封禅书》记载：江淮之间，一茅三脊，所以为藉也。藉者，为神册藉，故《集解》称楚茅为灵茅，而苞茅缩酒的“缩”字，本作“莤”，《说文解字》载：礼祭束茅加于裸圭，而灌鬯酒，是爲莤。象神歆之也。

《尚书·禹贡》记载“荆州，包匭菁茅”，指荆州盛产包起来的茅草，是有灵性的，有袪邪避晦的作用。不仅如此，茅在当时还是圣洁吉祥之物，《诗经·召南·野有死麕》中有“野有死麕，白茅包之。有女怀春，吉士诱之”，意思是猎人用白茅包着猎物向心爱的女子求婚，白茅象征着纯洁爱情。《诗经·小雅·白华》中又有“白华菅兮，白茅束兮”，同样用白茅表示爱情。

在《周易·泰卦》中，茅被视作吉祥瑞兆，“初九，拔茅茹，以其汇。征，吉”，意思是连根拔取的茅草，是征伐的吉时利象，寓意平安吉祥。《周易·大过卦》记载：“藉用白茅，无咎。”意思是献上祭品时用白茅草垫在下面，可以避免灾难。

茅被这样被当作神物传颂着，似乎近之不能亵渎，唯有屈子有着过人之处，透过茅的摇曳风姿看到其生长地盘根错节，写下一句“兰芷变而不芳兮，荃蕙化而为茅”，茅之蔓生使得其他香草无生存空间，屈子以此感叹世风日下，良臣在官场无立足之地。历史仿佛舞台，出演的戏码总是惊人的相似，许多事情是在许多年后，由后人去评说的。香草也好，恶草也罢，茅的根依旧在地下纵横生长，茅的叶依旧如少女的纤腰，令人远远望去，便想盈盈握一把。

楚香里的茅

茅绝对是楚香中最具代表性的香草之一了，因其含有柠檬醛透出香甜，又被称为“柠檬香茅”。柠檬醛具有净化空气、消毒杀菌、镇痛消炎等功效。茅作为当时的王室贡品，家喻户晓，却不能如艾与菖蒲一样被普通百姓人家日常随意使用。

马王堆一号汉墓中出土的文物有随葬的香具、香奁、香枕、香囊、熏炉等，我们通过这些用具可推测，从战国至秦汉，贵族阶级有熏香习惯，究其缘由，除了与宗教、祭祀等有关，也为保健养生。

所谓“三百六十，无非脉之贯通；八万四千，尽是脉之穿透”。或许先民早已领略到人的血肉之躯需“元气”滋养，《黄帝内经》云“正气存内、邪不可干”，于是先民琢磨出了以草木药香通达脏腑的养生法。楚香合香的技法是将有气味的香草进行修制，然后融合成香，也就是说，不是每一种单味香草都可以直接熏用的。而茅则不然，无论是新鲜的，还是晒制的，都有其特别的香甜之气，是极少数可以直接熏用的单味香草。楚香在修制茅草的过程中，为了使这份香甜醇厚而悠长，会将晒干后的茅用新鲜的蜜汁浸泡后取出晾干，以微火焙，再制香。历代香家对于这种天生香质独特的草木都非常喜爱。不知那扫下梅花瓣上的雪水合了一味“雪中春信”的苏轼是否也用茅合过香，无论怎样，我们在他的诗词中能读到“披云离北岩，度岭入中夏。重藉剪楚茅，方函斲英櫝”（《端砚诗》），便可得见，茅与苏轼，也有着解不开的香缘。

在楚香配伍中，每一味合香或多或少都会加入香茅草。我起初并不知其意。直到后来发现，《史记》记载周王室将茅用于缩酒祭祀。我推测，在那个尚巫的时代，人们认为茅草是天人合一的介质。

楚香在运用香茅合香时，常以檀香为君以侧百叶为使，综合其清新甜雅气息，可舒缓情绪，愉悦心神。从茅的性味来看，茅似乎具有楚人的某些特点，性辛温仿佛楚人的热心快肠。

茅具有祛风通络、温中止痛、止泻等功效，对于感冒发热、风寒湿痹、脘腹冷痛、跌打损伤等都有较好的效果。《四川中药志》所记载的中药方，与楚香香方颇有异曲同工之处，即用香茅一斤煎水洗澡，治风寒湿冷导致的全身疼痛。《贵州民间药物》中也有以茅治骨节疼痛的记载，配方是将茅草、石错、土荆芥各一两捣绒，加酒少许，炒热包痛处，既可闻香，又可解痛。

香药同源之品香药

茅，又名香茅草、白茅，禾本科植物，性温味甘，具祛风通络、温中止痛等作用。《岭南采药录》记载：散跌打伤瘀血，通经络。头风痛，以之煎水洗，将香茅与米同炒，加水煎饮，止水泻。煎水洗身，可祛风消肿，解腥臭。提取其油，可止腹痛。

楚香之香方一味

豆蔻沐春香

红柏30克，香茅60克，草豆蔻10克，龙脑少许。研末调合，可熏可燃，气息香甜，具开窍生发之用，为春天常用香品。

中医药方一味

香茅外敷方

茅草30克，石错（即辣子青药）30克，土荆芥30克，捣绒加酒少许，炒热包痛处，主治骨节疼痛。

参照《香药本草》

《茅》

缠绵总是看不见的
如激流中的暗涌
把河里的石磨得滚圆
看惊涛拍岸
空成羽扇纶巾的传说
鲜亮总是看得见的
如青丝鬓边的花黄
对着镜贴给人看
空成英雄美人的摆设
那在暗地里用根
纵横织网的草
被诗人写成相思的故事
不想辩说
纫茅丝以为索
牵引出一片的广博
以风的姿态
站成摇曳的飘泊

花 语

茅，又称白茅，禾本科草本植物，花语是纯洁的爱情。

藁本

菀蘼芜与菌若兮，

渐藁本于洿渎。

淹芳芷于腐井兮，

弃鸡骇于筐簏。

摘自《九叹·怨思》

【译文】

蘼芜杜若被堆积不用啊，藁本被浸在小水沟里。

芬芳的白芷泡在臭水井啊，珍贵的犀角丢进竹筐里。

我对于藁本的记忆刻骨铭心，每当闻到它的气息，某年某月的某个夏天即在我的脑海中浮现，怎么也挥之不去。

武汉有“火炉城市”之称，在没有空调的年代，热，不仅仅是脱口而出的这一个字。市井的竹床摆成阵不是图热闹，长江边成群结队地下饺子般游泳不是锻炼身体，煮艾蒿浴兰汤不是因为高雅的情操，这些是独具武汉特色的防暑风景，因为实在是太热了。这一切，如果说给现在的孩子们听，他们会觉得匪夷所思，但对于20世纪70年代之前出生的人，这样的场景绝对不是电影里的镜头，而是全然的亲历。

即使人们采取了一系列的防暑降温举措，还是会有许多孩子身上长了痱子，头上长了疱。每至端午节前后，孩子们会围着长了疱的伢唱“芝麻糕，绿豆糕，吃了不长疱”，被小伙伴们取笑的孩子，会跑回家哭闹。那时候多是平房，左邻右舍只隔了一道墙，哪家有动静，大家都会跑过去围观，夫妻打架有劝架的，孩子挨打有扯劝的，总之大人看大人想看的事，孩子看孩子想看的事，生活的一地鸡毛，现在想起倒倍感亲切。

但我和妹妹却很少长痱子，除了母亲把我们照料得很好外，还因为家里有特制的“七香汤”。每至夏日，我们夜夜用之沐浴。即使这样，在我六七岁的一个夏天，我身上和头上还是长满了痱子，奇痒难忍，最难受的是头上的一粒小米痱发炎后长成了大疱，笑人前落人后的我，被家人拉去理发室。在我的撕扯哭闹中，我的两条漂亮的辫子硬是被剪掉。我那撕心裂肺的感受，直到现在想起来还心疼。再后来，家里几乎天天用藁本煎汤，给我洗头，后来痱子和疱是怎么消失的，我一点都不记得，唯有藁本的气息，伴随着这段经历，被我深深地记住。

人的记忆真是奇怪，喜剧容易在人们一笑过后被遗忘，而悲伤的、狼狈的事情却会深刻地印在人们的脑海里。

在《楚辞》众多的植物里，藁本是为数极少的历经几千年没有变更名字的植物，藁本在文艺作品中如是称之，在医书药典中也如是称之，这使得它犹如行不改名坐不改姓的英雄，坚持着自己的操守。从诗人“菀蘼芜与菌若兮，渐藁本于洿渎，淹芳芷于腐井兮，弃鸡骇于筐簏”的诗句中，我读到“蘼芜菌若胡乱堆积啊，藁本浸泡在脏水沟里。芬芳白芷沤在臭水井啊，珍贵犀角丢进竹筐里”的无奈与悲怆，即使是行不改名坐不改姓的英雄，在如此的污垢中，不谈用武之地，能洁身自好已属难得，想至此，我莫名地一声叹息。

楚香里的藁本

我将藁本比作英雄,使得我每每用藁本合香,便会有一股莫名的豪气,正是因为这样的情结,我用藁本合的香,有点像高度酒,有酒量的人闻之酣畅淋漓,酒量小的人则避而远之。

藁本还有一个与文天祥有关的故事。据称,文天祥“体貌丰伟,美皙如玉,秀眉而长目,顾盼烨然”(《宋史·文天祥》),如此俊逸的他,却因患有头痛风疾苦不堪言,每遇风寒头疼发作,痛不欲生,家人遍请名医,用药无数,无济于事。有一日,一位化斋的法师途经文家,乐善好施的文家人便用上好的斋饭供养。一路化斋而来的法师见多了人性的世故,感受到文家的真诚与虔心,又听说文家公子患多年头痛无药可施,遂决定上山去寻仙草,为文天祥治病。法师一去月余杳无音信,满怀希望的文家慢慢让这件事淡出了记忆。却未料,半年后,那法师风尘仆仆地回来,带回几根弯曲的圆柱形树根,摘洗切片后用水煎了一碗浓烈的汤,时值文天祥又犯头痛,法师端上汤药送至病榻,一股药香只冲得文天祥打了个激灵,顾不得那么多,便囫囵地把一碗汤药喝干净了,他顿时觉得一股热浪直冲头顶,嘴里麻麻的,舌头一时没有知觉,稍过片刻便觉头轻目明,真的是药到病除。法师在叮嘱文天祥连续服用可断病根后,一文钱未收,一句话没留,接着云游去了。

果然,文天祥从此再也没有犯病,想起法师采得的灵药,便问家人有没有人知道这草药的名字,文府上下竟无人得知,文天祥觉得那法师不是平凡之辈,便将此药取名“高本”,

意喻遇到了有本事的高人，后人将“高”字上下加了草木，便是流传至今的“藁本”。

藁本性味辛温，在中医药方中常与羌活、苍术、川芎组方，具祛风散寒、除湿止痛之效，被称为“神术散”。清代赵瑾叔的《本草诗》对藁本有如是解读：“太阳风痛苦难熬，藁本功能在此遭。味属辛温，香独窜，气多雄壮，性偏豪。疝疼可治阴中痛，首疾能医顶上高。夜擦旦梳同白芷，满头飞屑不须搔。”藁本有如此温香走窜之力，正是源于它丰富的芳香醇含量。

在楚香中，藁本最常见的组方是在端午节前后与苍术、茅艾配伍，制作香囊佩带，防暑气祛蚊虫。楚香对藁本最为特别的运用，则是将其煎汤外洗，对疥疮及体癣有着显著的疗效。藁本还可以与甘草、白芷、细辛配伍，用炼蜜制香丸，夜晚熏用，对于改善中老年人的微循环作用明显。

香药同源之品香药

藁本，性味辛温。归膀胱经。具祛风散寒、除湿止痛之功效，中医处方常用于治疗头痛伤寒。《本草汇言》记载：藁本，升阳而发，散风湿，上通巅顶，下达肠胃之药也。其气辛香雄烈，能清上焦之邪，辟雾露之气，故治风头痛，寒气犯脑以连齿痛。又能利下焦之湿，消阴瘴之气，故兼治妇人阴中作痛，腹中急疾，疝瘕淋带，及老人风客于胃，久利不止。

楚香之香方一味

玲珑醒脑香

降真香30克，藁本30克，白芷20克，细辛10克，川芎10克，甘草(炙)、龙脑少许。以鲜薄荷汁与净水合诸香，加黏粉制丸，熏焚，对头痛胸闷、鼻塞脑闷有开窍醒神之用。

中医药方一味

藁本川芎汤

藁本、川芎、细辛、葱头，煎服。治寒邪郁于太阳经，头痛及巅顶痛。

参照《广济方》

一诗一香草

《藁本》

曾经同台一出戏
你是英雄
我不是佳人
荡气回肠处
我将一腔的豪气
借着你的雄心
留名史上
纵观人来人往
江山总在指点间
演了这一出
再换下一场
独自凄凉
借你的传说
不敢改名
唯有流芳

苑蘼蕪与菌若兮漸藁本於洿瀆淹芳芷於腐井兮

花 语

藁本，伞形科草本植物。藁木的寓意是一切顺利。

蘘荷

掘荃蕙与射干兮，
耘藜藿与蘘荷。
惜今世其何殊兮，
远近思而不同。

摘自《九叹·愍命》

【译文】

挖掉香草荃蕙和射干啊，培土养殖藜藿和蘘荷。
痛惜今世不比往昔啊，想到古今之人如此不同。

蘘荷不是荷，如果荷在人们心中是亭亭的舞女，婀娜了整个夏天，那么蘘荷正如它的读音（蘘荷谐音浪），真正是“浪”有荷之虚名。我如此直白，若蘘荷是人，这样的直言不讳，怕是把他得罪了。如此这样，我更愿意称蘘荷为“嘉草”。它还有个名字是阳藿姜，属姜科，与荷的睡莲科隔着十万八千里。

蘘荷以“蘘荷”之名在《楚辞》里仅出现一次，“掘荃蕙与射干兮，耘藜藿与蘘荷”仿佛是在说“挖掉香草荃蕙和射干啊，培土养殖藜藿和蘘荷”的农作之事，而“惜今世其何殊兮，远近思而不同”却是发人深思的“痛惜今世不比往昔啊，想到古今之人如此不同”，这一句绝世“天问”，孤句留芳，犹如一场戏里只露出一面的配角抢了主角的戏那般令人惊艳，与荃蕙为伍，“嘉草”如“佳人”，也算是真正的名副其实。

嘉草或阳藿姜都是蘘荷，这使得无论在医典中还是在诗词中，蘘荷仿佛是一个角儿，只是换了名字粉墨登场。在《楚辞·大招》中，蘘荷改头换面，是以“苴莼”出现的，这次却不是秀色而是秀味，“醢豚苦狗，脍苴莼只”是跃然纸上的一道佳肴，是一盘令神仙都眼馋的美味，秀色可餐，令人垂涎欲滴。

纵观历史华章，古往今来的文人吟诵植物颇多，但蘘荷却少有出现，曾在汉代司马相如的《上林赋》中与众芳草集体亮相，“揭车衡兰，槀本射干，茈姜蘘荷，葴持若荪”，真正是“应风披靡，吐芳扬烈，郁郁菲菲，众香发越”，我每读至此，都觉唇齿留芳，念念不忘。

楚香里的蘘荷

我对于蘘荷的记忆有两件事难以忘怀。一则是在端午节缝制香包时，家人总会将蘘荷、川芎、苍术、艾叶按一定的比例制成香药包，分别挂置在蚊帐、门窗及衣橱，同时我们姐妹俩的胸口除了挂一个咸鸭蛋外，还会有以蘘荷为主调制的香囊。少小不知香滋味，仅以为这香囊是祛味添香之物，直到有一天邻居家的百日小儿，夜啼不止，邻居跑到我家求得一枚香囊，时隔两天，小儿竟真的不哭闹了，邻居便盛了一大碗用吊子煨的排骨藕汤送过来，我们姐妹俩实实在在地大快朵颐后，才知道装有蘘荷的香囊竟有“驱邪防蛊”之用。当时邻里左右，凡遇到用药不见好的病，总会来我家讨一点香药“驱邪”。那时，对于大人们的这些行为，我当是迷信，以至于对楚香误解了多年。

成年后，我对于楚香的研究开始趋于理性，翻阅众多历史资料，发现蘘荷“防蛊”之说早在《荆楚岁时记》中便有记载，暂时放着“楚人尚巫”不提，我们从《本草纲目》对蘘荷性味的分析，会发现其气息对祛除南方湿邪瘴气有着一定的功效。

再一则便是少女时期每月的例事。或许是自己太不爱运动的缘由，每月的那几天，痛经几乎会打乱我有条不紊的生活与学习，有几次痛得不得不请假，祖母便会去寻一些蘘荷，置于铜盆内，用铜刀将蘘荷的粗皮剐尽，捣碎提汁，加之老红糖配以香附子煎香汤，我每日服之，马上缓解疼痛。有一阵，我竟迷恋上那辛香之气，即使不是那么疼痛，也会装着很疼的样子，使得爱怜我的祖母忙不迭地为我煎香汤喝。这个制香汤的过程，让我了解到在楚香合香技法中，炮制蘘荷竟是不能用铁器的。我从来没有与祖辈深究其原因，那是一种口口相传的经验与俗定，知道了就知道了，没有人会去问为什么。

蘘荷除了以上家传固有的制作与使用方法之外，还有一则流传于民间的“蘘荷紫苏橘皮汤”，是祛痰止咳、平喘的药方。每年秋天为煎这样的香汤，我家的窗台上便晾晒着迷迷迭迭的一堆橘子皮，那香气由远及近，呼吸一口，弥漫于鼻间。

香药同源之品香药

蘘荷，又名嘉草、阳藿姜、莲花姜、观音花。性味辛温，全株芳香，为姜科类，取根茎研香入药，具活血调经、祛痰止咳、解毒消肿之功效。《四川中药志》记载：治老年咳嗽，气喘，虚性白浊，妇人血寒经冷及月经不调。

楚香之香方一味

蘘荷紫苏橘皮汤

蘘荷15克，橘皮、紫苏各10克，加水煎汤服，是预防伤寒的可口香饮。

中医药方一味

治跌打损伤

鲜蘘荷根茎15至30克，水煎服，或晒干研粉，用黄酒冲服，每次9至15克。

参照《浙江民间常用草药》

一诗一香草

《蘘荷》

将花容绽放成观音的庄严
是不想被近之渎赏
所思所想打成结
不是郁在心里
也不显化于地上
深藏于土里苦苦酝酿
想要长成出离的翅膀
闭了一生的黑关
世界在我的观想里
要么是黑　要么是亮
保持着这样的简单
过过往往
哪会有那么多的痛呢？
一碗清汤
无需孟婆来煮
红泥小火慢慢熬
忘忧　只需闻香

花语

蘘荷，又名苴莼、嘉草、观音花、阳藿姜，姜科类草本植物，花语是将记忆永远留在夏天。

甘棠

甘棠枯于丰草兮，
藜棘树于中庭。
西施斥于北宫兮，
仳倠倚于弥楹。

摘自《九叹·愍古》

【译文】

甘棠枯死在野草丛中啊，蒺藜荆棘却种满庭院。
美女西施被贬出宫中啊，丑妇仳倠反侍立堂前。

对于20世纪五六十年代的文青来说，俊男靓女是以电影演员为标准的。怀春少女的心里一定会有孙道临和王心刚，钟情男子的偶像一定会有王晓棠和秦怡。他们是活跃在电影屏幕上的文艺工作者，不像现在的“网红”或明星被人狂热追捧，只在每一场的露天电影播映中，被少男少女看在眼里，静悄悄地藏在心里。在那个年代，如果你在马路边无意拾到一枚钱包，或许里面只夹着几毛钱，但在放月票的透明塑料卡夹内往往赫然可见某一位文艺工作者的相片，如此场景，仿佛镜头里的蒙太奇，封存在胶片里，只会在某种特定的氛围中，在脑海里播放。

每见甘棠，我便会想起王晓棠，想到《野火春风斗古城》里的金环与银环，她们是王晓棠一人分饰的两个角色，在当时，影视剧还没有太多高科技处理手段，一个画面出现同一个人的两个角色，会让观众倍感新奇，那种视觉的冲击可想而知。

由一种植物引发的这些联想，着实丰富，以至于我每每用甘棠合香，总会合出一种遥远的气息，这感觉仿佛在看发黄的线装书或黑白的照片，我会忍不住哼一首老歌，会愿意在旧时光里浸润一会儿，用曾经的过往缓冲当下的生活。

如果说甘棠无意中携美人留存于我的记忆里，那么《楚辞》中的甘棠更是携绝色留存于史册里。刘向在《九叹·思古》中这样写道："甘棠枯于丰草兮，藜棘树于中庭。西施斥于北宫兮，仳倠倚于弥楹。"意思是："甘棠枯死在野草丛中啊，蒺藜荆棘却种满庭院。美女西施被贬出宫中啊，丑妇仳倠反侍立堂前。"如此形象地将香木与恶木对比，让美女与丑女对比，所形成的视觉反差正是对当局随奸附恶、屈陷忠良的真实写照。

楚香里的甘棠

甘棠其实是一种野生的梨，人称杜梨，果小味涩，少有人食用。如果说《楚辞》里的甘棠是委屈的，那么《诗经》里被吟诵的甘棠则让人生出许多的敬畏与赞叹。诗经《召南·甘棠》这样写道"蔽芾甘棠，勿剪勿伐，召伯所茇"，说的是周宣王大臣召伯的住处有一株甘棠，其为政时爱民如子，造福一方，在他死后百姓"人惠其德，甘棠是思"，以"不伐不剪"他住处的甘棠，表达怀念与追思，从此民间便有了"甘棠遗爱"之说。就这样，一种其貌不扬、其味无芳的野生蔷薇科植物，留下了丰富的人文气息，为世人铭记。

以花草香木合香，理所当然；用水果合香，却是别出心裁，少有人把握得好。许多的际遇中，有浪得虚名的，且也有叫好不叫座的，香药也有着不可捉摸的际遇。作为杜梨的甘棠远没有鹅梨出彩。这好像千里马与伯乐，是因人而异的，如果鹅梨没有遇到李后主，估计也就只是人们茶余饭后的爽口果子。鹅梨万没有想到因李后主与小周后情致所至，在合香过程中为了增添一丝香甜，顺手把案几上的它作为辅料，竟如蜜调油般合出了名传千古的绝品。所谓"古香常在静中生，天趣偶从言外得"，凡事种种哪有那么多的谋算，顺其自然的事却是被后人千般的揣摩、万般的度量，世情如斯，莫衷一是。且这样一味充满了荷尔蒙的香，正是李煜与小周后情趣相投的雅品，它是私密的，它是意会的。

甘棠没有遇到李后主，所以香艳莫若鹅梨。但是甘棠成熟的季节，正是秋高气爽时，用它制成润肺的香药，却是物尽其用的实事。在楚香制作技法中，果实因所含芳香醇微量，少有直接用于合香的，多用于秋季制药香滋补膏。因此每至深秋，我会采甘棠，配伍柏子仁、甘草，用文火煎煮细熬，制成膏状后收瓶，晨起调一汤匙用温水饮服，养胃润肺，可谓秋冬日常的香药滋补品。

香药同源之品香药

甘棠，又名杜梨、棠梨，性味苦寒，有敛肺、涩肠、消食之功效。《本草纲目》记载：棠梨，野梨也。处处山林有之。树似梨而小。叶似苍术叶，亦有团者 ，三叉者，叶边皆有锯齿，色颇黪白。二月开白花，结实如小楝子大，霜后可食。其树接梨甚嘉。有甘酢、赤白二种。

楚香之香方一味

棠梨膏

甘棠50克，柏子仁30克，川贝10克，甘草10克。用文火煎煮细熬，水煎至一半，加甘蔗汁50克，再慢熬，成膏状后收瓶，晨起调一汤匙温水饮服，有温里润肺、降燥滋阴之功效。

中医药方一味

棠梨木瓜汤

用于霍乱吐泻不止，转筋腹痛。取一握，同木瓜二两煎汁，细呷之。

参照《本草纲目》

《甘棠》

是老相片中的逆光
黑白化掉的色
把梨浓缩成棠
曾经为君王的春宵
度量良辰美景
更会在高高的松岗
长成一片荫　为后人遮凉
分明不仅是黑白
影影绰绰剥出空隙的阴阳
在虚实的甘棠庭院
问天
何处是芰荷香渚
遗爱有几多相思处？

花语

甘棠，又名杜梨、棠梨，木本植物名，落叶乔木。甘棠的花语是怀念贤者。

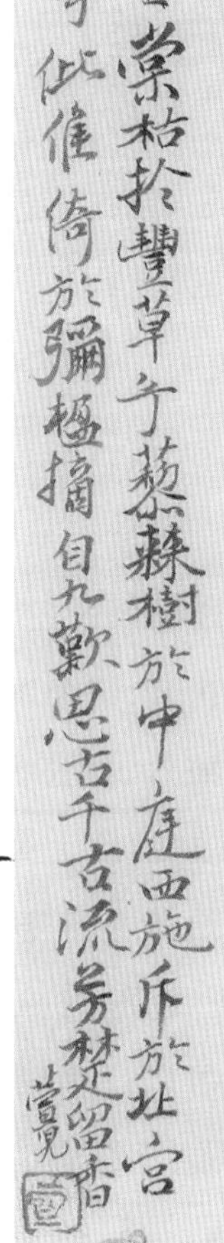

辛夷

筑室兮水中，葺之兮荷盖。
荪壁兮紫坛，播芳椒兮成堂。
桂栋兮兰橑，辛夷楣兮药房。

摘自《九歌·湘夫人》

【译文】
我要把房屋啊建筑在水中央，还要把荷叶啊盖在屋顶上。
荪草装点墙壁啊紫贝铺砌庭坛。四壁撒满香椒啊用来装饰厅堂。
桂木作栋梁啊木兰为桁椽，辛夷装门楣啊白芷饰卧房。

我家有一处很大的露台，曾几何时我一直想将这露台做成私家的空中花园，这个绚丽的想法缘于舞蹈家杨丽萍在网上曝光的一组照片，她悠闲地置身于自己的私家花园，身边是伸手可摘的玫瑰，肩上一只斑斓鹦鹉，微眯着眼，很慵懒地享受那个空间给身心带来的滋养。那一组照片无论是否摆拍，着实惊艳到我，顿时脑海灵光一闪，惊鸿一现，我觉得我家的露台完全可以打理成那样，在阳光充沛的日子，我也可以如杨丽萍那样，活在光里，让自己透明起来。

这个梦想一直在梦里或在纸上，说着说着就忘记了，那超大的露台到底没有被打理成花园，时过境迁被合理化地搭成了有玻璃顶的阳光房。人总是活在理想里，将就于现实中，谈不上无奈，一切仿佛自然而然。还好，阳光房虽不如花园那般多彩，但是每当阳光充沛时，我会歪在那间房里睡觉，犹如花草树木进行着光合作用。

2020年初暴发的新冠肺炎疫情，让我完全禁足在家里，那间露台便成了我放松或仰望天空最好最安全的场所。立春不久，只见露台外几株笔直的大树长出毛茸茸的花苞来，没过多久便开出紫色的花朵，衬得露台的玻璃窗仿佛一幅报春的水墨画。这紫色的花朵便是紫玉兰，是城市与小区绿化带中常见的观赏植物，如果不是这场疫情，或许我永远只会看到紫玉兰花开锦绣的样子，永远都不会关注到花开前那小小的花蕾，那名为辛夷的花蕾。辛夷在我的心目中一直是我研香时干枯的香材，远不如此时活在树上那般生动。正是因为这一次的居家防疫，我看到了小花蕾的辛夷绽放成紫玉兰的全过程，那鲜活的、隐忍的爆发力，使这个过程犹如化茧成蝶的蜕变，让我时常将其与我们在这场疫情中的坚守与奋斗相联系。

香药取材无非花、果、茎、根，独辛夷取材为花蕾，花开前是香药，花开后亦是香药。这犹如一个人的前半生与后半生，能活出不同的价值。但这样的人与物，又有几何呢？

辛夷在《楚辞》中出现不足十处，印象深刻的便是《九歌·湘夫人》："筑室兮水中，葺之兮荷盖。荪壁兮紫坛，播芳椒兮成堂。桂栋兮兰橑，辛夷楣兮药房。"意思是："我要把房屋啊建筑在水中央，还要把荷叶啊盖在屋顶上。荪草装点墙壁啊紫贝铺砌庭坛，四壁撒满香椒啊用来装饰厅堂。桂木作栋梁啊木兰为桁椽，辛夷装门楣啊白芷饰卧房。”描绘的是湘君为湘夫人在水中央建的香屋，这不由让我想起汉武帝的“柏梁台”、隋朝杨素的“沉香堂”、唐明皇的“沉香亭”、杨国忠的“四香阁”、元载的“芸辉堂”，还有花蕊夫人的“松柏楼窗楠木板，暖风吹过一团香”的香船，这流芳千载的香房，表达的尊贵雅致，岂是“金屋”可以比拟的呢？

怦然心动的一瞬，我又想把我的露台建造成一所香房。

楚香里的辛夷

和许多植物另有别名一样，辛夷还被称为“木笔树”，这不仅缘于辛夷的笔直挺拔，还因为毛茸茸的辛夷花蕾，犹如一支支的毛笔指向蓝天。因为这一形象，每次与祖辈们择拣辛夷制香时，我都会想起《神笔马良》，那是我最喜欢看的动画片，手握神笔画物成实的马良在影片的结尾，一笔画就波浪汹涌的大海将凶恶的财主淹死，这直接而简单的惩恶扬善，让我心生一股畅快之气。

神笔不只是停留在童话里，历代诗文对它的意象都有独特的描绘，著名的如唐代杜甫“辛夷始花亦已落，况我与子非壮年”(《逼仄行 赠华曜》)，名不见经传的有明朝张新的“梦中曾见笔生花，锦字还将气象夸。谁信花中原有笔，毫端方欲吐春霞”(《辛夷》)，妙笔生花竟然是描绘辛夷的，这一点说给谁听，都会一惊。

在辛夷的别名中，我最是喜欢“玉堂春”的称谓，这是在植物中少有的、颇具文艺色彩的名字,让我想起京剧《玉堂春》中被押解太原三堂会审途中的苏三,那举步维艰的无助,那祈求路人的哀伤,一步一啼娇喘着辛夷所独具的辛酸之气,总会令多情的看客落下几滴清泪。

少年时,辛夷在我的心目中是神笔马良,以为世间的事非善即恶,一笔即划出界线。成年后,辛夷则是起解的苏三,让我明白善恶若能一笔分出界线,世间哪还会有那么多的冤屈?释然亦然,辛夷最终还是《神农本草》中的那一行记载"其苞初生如荑,而味辛",是我调香的一味香药材罢了。

辛夷性味辛温,具祛风散寒、温肺通窍之功效,日常多用于通鼻窍、解头痛。在楚香调配中常与薄荷、白芷为伍,研末熏香。在我的印象中尤其深刻的是,辛夷可制成夏天抑制体味的香方。少时,每至酷夏,家人便会以辛夷、细辛、川芎、龙脑研末,加珍珠粉放置在一个小铜盒的妆奁里,疯得一头汗的我们在洗完澡后,家人都会在我们的腋下扑上香粉,不仅可祛汗味还可预防痱子。现在回想起童年,便会有一股辛夷杂合着龙脑的清凉香,萦绕于鼻间。

香药同源之品香药

辛夷,别名木莲、木笔、玉堂春,为木兰科落叶乔木植物的花蕾,性温味辛,归肺、胃经,辛散温通,芳香走窜,上行头面,善通鼻窍,是治鼻渊头痛要药。《本草纲目》明确地记载:鼻渊鼻鼽,鼻室鼻疮,及痘后鼻疮,并用研末,入麝香少许,葱白蘸入数次,甚良。我们从中可以看到辛夷是治疗鼻炎常用的中草药。

楚香之香方一味

绮旎清悦香

降真香30克，辛夷30克，零陵香10克，香茅10克，黄芪5克，桔梗5克，百合10克。研末调合，储瓷罐月余，电熏可缓解鼻塞等症状；炼蜜合丸，可隔火熏香，也可置脐，对上呼吸道炎症有一定的辅助治疗作用。

中医药方一味

辛夷散

辛夷、细辛（洗去土叶）、藁本（去芦）、升麻、川芎、木通、防风（去芦）、羌活（去芦）、甘草（炙）、白芷各等份。上为细末，每服二钱，食后清茶调服。清热祛湿，升阳通窍。

参照《重订严氏济生方》

《辛夷》

前半生是神童手里的笔
生花妙处
是不可解的谜
掬月水　弄花影
参不透无上正等的觉
无语于三界
我苦等对应的契
几度秋凉　持画笔
从盛唐过玉门
悲欣交集
一腔辛烈抒胸臆
落花成冢
半生是实　半生是虚

花语

辛夷，又名辛矧、木笔花、毛辛夷，木兰科植物，花语是师恩难报。

薜荔

罔薜荔兮为帷，
擗蕙櫋兮既张。
白玉兮为镇，
疏石兰兮为芳。

摘自《九歌·湘夫人》

【译文】
编织薜荔啊做成帷幕，用蕙草做的幔帐也已支张。用白玉啊做成镇席，各处陈设石兰啊一片芳香。

我对薜荔的认识有点戏剧化，这种戏剧化就仿佛隔壁的二赖子，在查户口的时候才发现他不叫二赖子，而叫一个很洋气、很生僻、很有文化的名字，你会“切”的一声表示轻蔑，却又不得不承认二赖子的学名取得真有学问。之所以这样表述我对薜荔的感受，是因为薜荔就是老屋前后爬满墙垣的壁石虎，肥厚的叶子有点像少女充满了胶原蛋白的脸，你会忍不住地想去掐一下，感受那肥厚的充盈在手指间的快感。

四季常青的壁石虎，早已习惯了四季更替变化的炎凉，宠辱淡然，只当自己是生死由天的野草，虽生在人们的眼皮底下，却也被人熟视无睹，自由得任性，只需有根，即会蔓延成绿色的网，将附着物罩于网中。它没有想到过自己卑微的生命会被载入史册，以“薜荔”正名，在《楚辞》中被诗人以各种比拟丰富着七情六欲。我实在不能明白为什么这不起眼的爬藤能如此赢得屈子的厚爱，相比之下，那接阡连陌的繁花，是否因此而花容失色？

我没有深究其原因，却被《楚辞》中的一句描绘所吸引，“罔薜荔兮为帷，擗蕙櫋兮既张”，说的还是湘君在水中央为湘夫人建造的香屋，在以荷为屋顶、荪为壁、椒为堂之后，还要“编织薜荔啊做成帷幕，析解蕙草制幔帐”进行精细化装饰，字里行间的深情，融和着世间所有的生机与美好，建成在水一方的爱巢，静守一处，遥遥期待。

从此一举成名的壁石虎，不，应该是薜荔，开始被文人们追捧。就连东汉王逸在他的《楚辞章句》中都要用“薜荔，香草也”来概述；人称“春秋第一相”的管仲，甄选出五种奇异香草号称“五臭”，薜荔位居首位；《汉书》《礼乐云》这些重量级的历史文献也以“都荔遂芳”来记录薜荔。我想如果薜荔真有人的六感七识，会不会做到心境上一尘不染，云淡风轻地继续着自己散漫的生长呢？

或许正是薜荔顽强的生命力及随性的特征，在后世许多的文献中，薜荔与菊花媲美，成了隐者的暗喻。唐代柳宗元的《登柳州城楼寄漳汀封连四州》中写道“惊风乱飐芙蓉水，密雨斜侵薜荔墙”，正是以爬满薜荔的土墙来呈现被贬后的心境及隐居的生活，只是相比晋代陶渊明的“采菊东篱下，悠然见南山”（《饮酒·其五》），前者多些凄凉，后者更为超脱。

楚香里的薜荔

关于薜荔,有许多的说法,甚至有记载将木莲的植物特征与《楚辞》中薜荔混淆,因木莲全株无香,所以有记载也说薜荔无香,以至于清代著有《植物名实图考》的吴其濬也曾质疑:何曾有臭? 自称不识薜荔,只知木莲。一时使得大众无从考据,且只得将木莲与薜荔混为一谈。

我对这种藤蔓攀援的植物,并没有太多地去关注香与不香。在楚香的配伍中,少有用到薜荔的,倒是薜荔果是夏季香食中最爽口的一味。即使在物资丰溢的今天,江南一带每至夏日,还会有“木莲羹”的凉粉售卖。前不久,外地的朋友来汉,我陪着她去武汉小吃聚集的户部巷,见一家卖凉粉的小摊摆着五颜六色的水果粒,还有各种调料,许多的食客端着一碗晶莹剔透的水晶果粉,再添加各色的果粒及调料,秀色可餐。我与好友顾不得斯文,也买得一大碗,站在街头大快朵颐,品尝俗世烟火的多滋多味,顿时觉得,快乐原来如此简单。

薜荔虽在楚地合香中少有运用,用薜荔果制作凉粉却在楚地民间甚为流行。薜荔果结在膨大的花苞中,给人的感觉仿佛无花果。在物资匮乏的时代,薜荔果制成的凉粉虽只加了一点姜汁与红糖水,已然是孩子们最心仪的夏季降暑的零食。每当薜荔果成熟之时,孩子们会主动帮长辈们去采花果,剥开后取出里面的种子阴干,再将果肉放入白纱布,不停揉搓,滤出的果汁,如点豆腐那般只需加少许食品凝合剂,便可自行凝冻成晶莹透亮的凉粉。那时,如果谁家在制作凉粉,总会围着一群孩子,眼巴巴地等着凉粉成形,再眼巴巴地等着长辈将凉粉切成小块儿分到小碗里,见者有份。分到凉粉的孩子雀跃地散去,空气中弥漫着薜荔果加姜汁的清香,却久久不会散去。

除了香食，在中医治疗方面，薜荔亦是良药，其根、茎、藤、叶和果均可入药。临床药理研究显示，薜荔有抗菌、增强免疫、抗肿瘤、抗诱导、消炎镇痛等活性成分，叶、藤、根更是祛风利湿、活血通络、清热解毒的良药。李时珍在《本草纲目》中详细描述了薜荔的形态与功效："薜荔延树木墙垣而生，四时不凋，不花而实，实大如杯，微似莲蓬而稍长。"其味甘、平、涩，主壮阳道，固精消肿，散毒排脓，下乳，治久痢、肠痔、心痛、阴癞，言"薜荔满腹细子，其味微涩，其壳虚轻，乌鸟童儿皆食之"。

香药同源之品香药

薜荔，性味酸、苦、凉，归心、肝、肾三经。《药典》记载其具清热降火解毒、燥湿利尿、通络止痛之功效。薜荔果更是平民百姓的大补药，民间更有在大病初愈后用薜荔藤三两煮猪肉食的穷补之法。

楚香之香方一味

薜荔果香饮

薜荔果三枚，甘草（炙）、生姜酌量。文火煮，加红糖，晨饮，增益体质，培扶元阳。若伤寒及月事饮，可多加生姜。此香饮在楚香中常用。

中医药方一味

治血淋痛涩

木莲藤叶一握，甘草（炙）一分。日煎服之。

参照《本草纲目》

一诗一香草

《薜荔》

从什么时候开始
对你的缠绵长成了草
疯狂地攀援　滋长成网
把你包裹在绿色的城堡
经纬纵横处
是解不开对你的痴想
错过了花期也成果
不能错过又错过
借出童话里的王子和公主
制造一场旷古的传说
从此白开水煮过的日子
有了薜荔加上姜
熬一碗沁脾的香膏
那是世间的后悔药啊
有情即可尝

花语

薜荔，又名凉粉子、木莲，桑科匍匐灌木，花语是高尚的品德。

肉桂

蕙肴蒸兮兰藉，
奠桂酒兮椒浆。

摘自《九歌·东皇太一》

【译文】

蕙草包祭肉兰叶做衬垫，
献上桂椒酿制的美酒浆。

《楚辞》里桂多指肉桂，不是桂花。桂花与桂仿佛同名不同命的女子，一个若是天上的仙子，一个便是平常人家的厨娘。

对于肉桂，我有两个截然不同的印象：一个是在过大年时，厨房里炖肉夹杂着八角、肉桂的香味，那是令人垂涎欲滴的香，仿佛吸一口都能果腹，香气不仅是香气，还是美味；一个是在读苏轼的《前赤壁赋》时，给我感官上遥不可及的香艳，那一句“桂棹兮兰桨，击空明兮溯流光。渺渺兮予怀，望美人兮天一方”不仅应韵着《楚辞》的格调，更有着强大的空间画面感，令人油然而生超脱感，那是一种无以言表的情绪，在胸怀里捂着，日久天长生出暗香浮动的气息。

食色，性也。肉桂的神奇在于，在灵魂与身体在日常中渐行渐远的当下，那扑鼻而来的气息，可以令人在灵与肉之间自如且自在。它既可让你在厨房里大快朵颐，又可携你穿越至杨柳岸，乘桂棹兮兰桨的一叶扁舟，与苏子“洗盏更酌。肴核既尽，杯盘狼藉。相与枕藉乎舟中，不知东方之既白”，它不是美酒，却可以让你的鼻子醉得酣畅淋漓。木秀于林的奇葩，莫若此。

相对桂花在月宫里的寂寥，肉桂活得更有烟火气。“蕙肴蒸兮兰藉，奠桂酒兮椒浆”说的是用桂枝桂皮浸泡的酒为“桂酒”；“饮菌若之朝霞，构桂木而为室”则指的是以桂木建的香房；甚至有后来者称，《楚辞》里的桂，全是肉桂，不关桂花半毛钱的事。这使我闻到肉桂便想到《格林童话》里的灰姑娘，真正的公主还真的就是这厨房里的一个美厨娘。

关于肉桂还有个惜玉怜香的传说，且与四大美女中多病的西施有关。相传春秋时期，西施咽喉肿疼，久不见好，美人娇喘吁吁，饮食难咽，心疼不止，时常捧心颦眉，更是显得我见犹怜。吴王夫差遂招御医会诊开方，御医们所开处方皆用清热泻火之药，西施服后症状缓和，但药停即复发。折腾数月不见好转，夫差不得已为美人悬榜寻医。高手在民间，有医毛遂自荐，入深宫望闻问切，见西子四肢不温，小便清长，六脉沉细，仅开肉桂一斤，御医们看罢处方，都暗自冷笑，心想喉间肿痛，实为大热之症，再食辛温的肉桂，岂不是雪上加霜？各自打着小算盘，准备搭起台子看一场满门抄斩的好戏。

这时，只见西子按医者指点口嚼肉桂，只觉温甜滋润、口舌生津，嚼完半斤，疼痛消失，进食无碍，夫差大喜，赏金无数。医者深知伴君如伴虎的危险，领得赏金夜归故里，也算是“富贵险中求”走了一遭，临别与西子交待，她的咽候肿疼是虚寒阴火引发的喉疾，非引火归元之法不能治，肉桂正是辛温散寒之良药，叮嘱西子把另外半斤全部食服，自会痊愈，西子感激不尽。

肉桂便是这样一个上得厅堂下得厨房的“贤女子”，极具东方女性的特质，香得实在，又香得实用，既可以润美食以味香，又可以伍芳草以馨香，具香药同源之功效。尤其难能可贵的是，每至秋冬，肉桂总能忍受刮皮之痛，只为人们的口鼻之娱，年年如此，年年无怨，真正是植物里的修行者。

楚香里的肉桂

肉桂，古时多称桂，现又名桂皮、玉桂等。性味辛、甘，性大热。归肾、脾、心、肝经。元代王好古《汤液本草》记载：“补命门不足，益火消阴。”明代缪希雍《神农本草经疏》记载：“味厚甘辛大热，而下行走里，故肉桂、桂心治命门真火不足，阳虚寒动于中，及一切里虚阴寒，寒邪客里之为病。”在楚香配伍中，肉桂常与干姜、香附子、川椒、五味子、柏子仁、当归等同用，可增强补火助阳的功效，可用于冬季夜熏暖屋、安神助眠。

对于肉桂的使用，最具特色的还是在饮食方面。《淮南子·齐俗训》有“荆吴芬馨，以啖其口”，可见楚香之用不仅养鼻，更是爽口，而口鼻之快正是人最本能的需求。有一次我到台湾与友人去小食店狠狠地吃了一通，台湾友人在吃饱喝足后嗲嗲地说一句“好疗愈啊”，我开始不明白，听她解释这是现代用于表达身心很受用的时髦用语，我琢磨片晌，豁然开朗，以至于每有心情不快时，便约着友人找一处美食街一通地吃下来，那种快感真的是很疗愈。

我对肉桂最深刻的印象，倒不是寒夜里的那一炉香，而是厨房里冬至节气用肉桂炖的羊肉汤。那时还没有煤气炉，最是讨厌用煤球生火时滚滚的浓烟，熏得人睁不开眼，但为了那一锅温里散寒、健脾胃、养气血的羊肉汤，我们会眼巴巴地守着母亲生炉子，跑前跑后地帮忙，然后偎在炉子旁，看肉汤沸腾，见母亲端着一簸箕香料佐料，前后有序地添加，不过一会儿，诱人的香气便扑鼻而来，那时如果真有神仙，恐怕也会闻香而至，做一回饮食凡夫。

现眼见着冬至将至，竟飘来一丝羊肉汤的香气，那种温暖让我想起了母亲，那种味道只有母亲做得出来。

香药同源之品香药

肉桂，味辛甘，性大热；归肾、脾、心、肝经，具补火助阳，散寒止痛、活血通经之功效。《本草汇言》记载，肉桂，治沉寒痼冷之药也，此独得纯阳精粹之力，以行辛散甘和热火之势，乃大温中之剂。凡元虚不足而亡阳厥逆，或心腹腰痛而吐呕、泄泻，或心肾久虚而痼冷怯寒，或奔豚寒疝而攻冲欲死，或胃寒蛔出而心膈满胀，或血气冷凝而经脉阻遏，假此味厚、甘辛、大热、下行、走里之物，壮命门之阳，植心肾之气，宣导百药，无所畏避，使阳长则阴自消，而前诸证自退矣。

楚香之香方一味

煦阳馨悦香

檀香40克，肉桂20克，香茅20克，川芎10克，当归10克，麝香少许。研末，炼蜜调合，窖月余，取出，再揉捶，再窖月余，复取出，制丸大小如梧桐子，电熏，如沐煦阳，温馨和畅。

中医药方一味

桂心散

桂心、枳壳(麸炒微黄，去瓤)、槟榔各三分，白术、细辛、附子(炮裂，去皮脐)各一两。上为粗散。每服五钱，以水一大盏，加生姜半分，大枣三枚，煎至五分，去滓温服，一日四次。主治饮癖，气分，心下坚硬如杯，水饮所作。

参照《太平圣惠方》

《肉桂》

冬虫夏草通过一个季节
完成了生命的过渡
桂加了肉
完成剐皮后的重生
痛不痛没有人问过
在沸腾的汤里跟着沸腾
与孪生的姐姐遥遥相望
一个羡月宫里的清凉
一个羡烟火里的敞亮
痛且快乐着
仙与鸳鸯
是桂香，也是白月光

花语

肉桂，又名玉桂、大桂、桂皮，樟科类乔木，花语是合家幸福。

松柏

孰知其不合兮，若竹柏之异心。
往者不可及兮，来者不可待。
悠悠苍天兮，莫我振理。
窃怨君之不寤兮，吾独死而後已。

摘自《七谏·初放》

【译文】
谁知道我与君王道不合，就像那实心的柏木、空心的竹。
从前的贤君无法追及，未来的英主难目睹。
悠悠的苍天啊高高在上，你为何不解除我的冤屈。
我怨恨君王你终不觉悟，我只有弃身荒野明心曲。

所谓“一花一世界”，那么大千世界的芸芸众生也应该包罗着郁郁葱葱的植物。我茹素多年，有一次与友人聚餐，大家见我执着，其中一位友人甚是大胆地劝我说：吃点肉吧，给植物放生。当时众人皆笑，我在大家的笑声中沉思良久，佛偈有云：“佛观一钵水，四万八千虫。”在慈悲的人眼里，处处皆有生命的存在，放生，哪里只是行为上的一个动作呢？

如此再看植物世界，本是无声亦无情，却不想被人为地分出名利场，松柏便有了君子的人设。从此，遗世独立于山崖的松柏再也轻松不起来。不要以为“芷兰生幽谷”真的愿意“不以无人而不芳”，那是一种怀才不遇的借指，也是命运不济的感叹。如此再看松柏的姿态，诗仙李白表示“愿君学长松，慎勿做桃李”（《赠韦侍御黄裳其一》），言辞间对桃李不屑，以松柏表达自己的清高，倒不如白居易来得实在，一句“有松百尺大十围，生在涧底寒且卑”道破松柏的处境，再一句“天子明堂欠梁木，此求彼有两不知”（《涧底松－念寒俊也》）又暗示时运不济，空自成才不为人知。

被传颂成君子的松柏，孤立于君子的高度，世人皆以君子去度量它，却有几人能解君子之外的松柏，有多少平常的七情六欲，被一个名号束缚着不敢动弹，站成世人想要看到的姿态。由此，再看到松柏时，我的内心便格外的怜惜，忍不住想亲近它、抱抱它，把脸贴在它粗糙的树干上，想用自己的温度给站累的它一点温暖。

松柏就这样活在人们给它设定的“人设”里，似乎生生世世都不得出离，但它却在《楚辞》里活出了一份温情。在《九歌·山鬼》里有这样一个场景：“山中人兮芳杜若，饮石泉兮荫松柏。风飒飒兮木萧萧，思公子兮徒离忧。”在这相思等待的场景里，除了有芬芳杜若，还有长青的松柏，松柏在此处出现，也是一种长情的象征。

松柏在《楚辞》里另外一句则是东方朔以后来者旁观的角度，将屈子的悲怨借松竹予以抒发：“孰知其不合兮，若竹柏之异心。往者不可及兮，来者不可待。悠悠苍天兮，莫我振理。窃怨君之不寤兮，吾独死而後已。”这仿佛是诗人离世的遗书，每每读之，我总是免不了一声长叹。

相对后来描绘松柏的诸多华章，我还是喜欢温情的松柏，那端庄得让人肃然起敬的松柏，总让我仰视。有学者指出，松柏，松是松，柏是柏，我却不想在名号上用植物学的分科来分析它，我更愿意将其视作一种精神，哪怕是孤立于高处不胜寒，内心的一丝柔情凌云虚空，也足以成为许多人上下求索的标榜，支撑着孜孜以求的漫漫人生路。

楚香里的松柏

在所有的香典记载中，能以单方成香且流传成经典的，除了沉檀龙麝，还有柏子香，且柏子香丝毫不逊前者。如果说沉檀龙麝是以帝王将相的身份呈现，那么柏子香则是文人墨客情怀的寄托。最为著名的传说是苏轼被贬黄州，一日佯装小恙，独步于山野，登高望远，顿觉世间万事不如他此时"铜炉烧柏子，石鼎煮山药，一杯赏月露，万象纷醻酢"(《十月十四日以病在告独酌》)的逍遥洒脱，试想如果没有香与美食佐味，苏轼苦涩的贬居生活是多么的乏味。可见香于文人，不仅是享受，更多的是性情的熏陶。无独有偶，苏辙对柏子香的偏爱更胜苏轼，他在《游钟山》中曾写道"客到惟烧柏子香，晨饥坐待山前粥"，兄弟二人都是如此清简无华的生活起居，那种真正随遇而安的淡泊，偶尔流露在日常生活中，或许这些才是让人真正感慨的文人气质吧。

柏子这一味山野之物，因为这些出色的"代言人"，早已如沉香、龙涎香、檀香、麝香这"四大名香"一般，被许多的香典记载。明末周嘉胄《香乘》里就有这样的制作记载：把"带青色、未开破"的新鲜柏子采集后，用沸水焯一下，然后浸在酒中，密封七天，再取出，放在阴凉处慢慢晾干，即得到了成品。享用时则需烧好小炭饼，埋入香炉中的香灰之内，灰面上安放隔火片，再将若干粒柏子散置于隔火片上，炭火便会持续熏烤柏子，催动其香芬散发出来。

楚香制作和使用柏子香的理论依据为香药同源，因此炮制柏子时会在沸水里加上枣仁，用酒浸泡晾干，晾干后并不直接熏用，而是研成细末，配伍沉香、降真、琥珀、熟地、百合、夜交藤等近三十味香药，夜熏安神，格外见效。这一味家传的楚香香方传承了几代人，是楚香中最具技术含量且不传外人的香方。前几年好友的孩子备战高考，紧张备考至夜不成眠，我便又配制了一味，因那天正值文殊菩萨圣诞，我便将这家传两百多年的香方命名为“曼殊清晖”。后来孩子高考如愿以偿，好友非常夸张地盛赞是“曼殊清晖”的功效，我笑了笑，且就当成是真的吧。

后来，年年高考前夕，来请“曼殊清晖”安神香的朋友络绎不绝，一时楚香书苑门庭若市。我一边静静地制香，一边静静地看来来往往的各色各样的人们。

香药同源之品香药

松柏为常绿树，柏科的高大乔木。《论语·子罕》曰：“岁寒，然后知松柏之后凋也。”于是松柏与竹、梅一起，素有“岁寒三友”之称。松柏木质软硬适中，细致，有香气，耐腐力强，多用于建筑、家具，其种子、根、叶和树皮皆可入药，柏子仁香气清扬，能透肾养脾，润心滋肺，益智宁神，还可榨油、制皂，是历代医家与香家常用的香药原材。

楚香之香方一味

山林柏子香

红柏50克，柏子仁30克，琥珀20克，研末和合诸香，琥珀另研，香气清幽，安神定魄。历代各香家合柏子香的方式很多。楚香家传的这一验方，可起到安神的作用，因为其成本低廉，也是家居常用的天然香。

中医药方一味

柏仁散

防风45克，柏子仁、白及各30克，上为末。以乳和，敷囟上，每日一次。十日知，二十日愈。主治小儿囟开不合。

参照《备急千金要方》

《松柏》

立锥之地的一席
是一直不变的站立
立足与向上
活成不开的昙花
这样的孤立
千人有千人的看法
一站千年
将念念不忘的心思
结成安神的香
安住天地间的情短情长
再看红尘　情深不寿
投身入炉
炼就身心不坏的金刚
在相思处装睡
一炉柏子燃烬
终是熟了一锅黄粱

花语

松柏，一个为松科，一个为柏科，连用时多指柏木。松柏象征坚贞不屈。

萧

兰芷变而不芳兮，
荃蕙化而为茅。
何昔日之芳草兮，
今直为此萧艾也？

摘自《离骚》

【译文】

兰草和芷草失掉了芬芳，荃草和惠草变成茅莠。为什么从前这些香草，今天都成了荒萧野艾？

萧作为一个姓氏，代表是金庸小说《天龙八部》里的萧峰，因此，“萧”在我眼里是英雄，是侠士。

萧作为一种植物，青春正好时称“萧”，衰败枯槁时称“蒿”，它令我想到《楚辞》里的“唯草木之零落兮，恐美人之迟暮”。

而换了个部首的“箫”是一种乐器，低吟浅唱时如一位得道的长者，声音里透着的苍凉正是对世间万物的感叹。

萧作为一个汉字，包含着许多可以意会且又能言传的文化意蕴，我们可以丰富地描述它，也可以深入地品味它。姓氏里“萧”又作“肖”，但大“萧”不认同小“肖”，觉得虽同宗同音，然改头换面，已少有族姓的纯正，上不了大雅之堂，当然也进不得祖祠庙堂；植物里的“萧”又是“蒿”，是香草也是香菜,上得厅堂下得厨房;乐器里的“箫”与“笛”仿佛孪生兄弟,仅在一孔一膜之间,发出天籁有别的声响。

“萧”在我的印象里,有一种说不出来的厚重,这种厚重不是那种笨拙的厚重,而是犹如某种物件经年累月的包浆,是那种很厚重的雅气。我尤其喜欢听“箫”声,低沉得大音无嚣,娓娓道来杨柳岸的晓风残月,总有着欲说还休的凄凉。我由此联想到赤壁下的苏子,与客畅游于东山之下,听洞箫伴湖光,他的模样失意、愀然。

“萧”的文字内涵,在我印象中一直很是文艺。但是当与艾为伍的萧在《楚辞》中以一句“兰芷变而不芳兮,荃蕙化而为茅。何昔日之芳草兮,今直为此萧艾也?”出现时,萧竟成了遗臭万年的“恶草”,诗人以“兰草和芷草失掉了芬芳,荃草和惠草变成茅莠。为什么从前这些香草,今天都成了荒萧野艾?”来比拟当时的朝廷忠奸不分,官僚们同流合污。

对于萧的命运,我内心总有点莫名其妙的惋惜。这种惋惜有点黛玉葬花的自作多情,且留在心里系成无解的结,于光阴斑驳间竟盘结成一枚芳香的胭脂扣,锁住了我对“萧”的某种偏执,综合成一种情结,借着格外好闻的气息,弥漫于独有的空间,挥之不去。

楚香里的萧

萧与香茅草一样,都是楚地祭祀时可以直接熏用的香草,传说,唯有这两种香草可以感应神灵,因此《诗经·大雅》中有“取萧祭脂”“焫萧合馨香”之说。

许多文献记载认为萧即是艾，这一点早有先人进行过“辟谣”。三国时期吴国学者陆玑说“今人所谓萩蒿也。或云牛尾蒿”，东汉许慎以为“艾蒿。非也。此物蒿类而似艾。一名艾蒿”，许非谓艾为萧也。齐高帝云“萧即艾也。乃为误耳”。不难理解，在《楚辞》里，萧虽与艾为伍，但二者绝对不是同一物种。在《诗经·王风·采葛》中也有“彼采萧兮，一日不见，如三秋兮；彼采艾兮，一日不见，如三岁兮”的诗句，由此可见，萧与艾可能是近亲，萧艾之说只是一个笼统的称谓罢了。

现代植物学界早已将“萧”划分到菊科，但不称之为“萧”，而称之为“蒿”，包括白蒿、茵陈蒿、黄花蒿等。蒿这种植物在楚地的种类远不止这些，作为楚香香材的蒿是黄花蒿，即后来名扬世界的“青蒿”。关于这一点，并没有任何攀附之意。据考证，早在民国年间，生药学家赵燏黄就怀疑中医里的“青蒿”不是植物学上的“青蒿”，而是植物学上的黄花蒿。这个结论直到20世纪80年代才由屠呦呦、林有润、胡世林等人最终确定，这也是学术研究前修未密、后出转精的过程。

至此，我们可以将“萧”称为被普遍认知的“青蒿”，它全株香气馥郁，早在战国时期即被楚民采集枝叶，晒干后混合动物油脂焚熏祭祀，是楚香中常用的香药材，与香茅草、艾草并称“楚香香草三君子”，每逢端午更是与青蒿、艾叶一同被悬挂门楣，避邪祛瘴。这个习俗延续到现在，已然成为中华文化中最具特色的习俗之一，也是楚香中最为普遍使用且方便的香方。

青蒿在楚香的制作过程中有着特殊的炮制方式，香家会将茂盛的蒿叶混入一定分量的甘草阴干，然后切丁再阴数日，碾碎、捣细、筛罗后配伍檀香、丁香、草果、豆蔻、沙棘、牛黄等，牛黄单独细磨后加入。配制好的香药用炼蜜合丸，窖藏数月，夏制冬用。每至天寒地冻时，富贵人家闺阁里的姑娘太太们会在手炉里焚一枚梅花香炭，再置这样一粒香丸，来预防寒凉。此香药具消炎、止咳、平喘之功效，因此也可辅助对患有上呼吸道病症人进行疗愈。此香的药味较浓，现代人不一定都习惯。

风水轮流转，谁都没有想到，遗臭万年的“萧”与中国女科学家屠呦呦一起荣获 2015 年诺贝尔医学奖。在万人瞩目下，屠呦呦在卡罗林斯卡医学院发表答谢演讲——《青蒿素的发现：传统中医献给世界的礼物》。屠呦呦在演讲中说：“中国医药学是一个伟大宝库，应当努力发掘，加以提高。”

萧——现在的青蒿，至此，名扬天下。

香药同源之品香药

萧，今又名牛尾蒿、茵陈蒿、黄花蒿、青蒿。性味寒凉，辛苦，归肝、胆经，具清虚热、解暑热、截疟、退黄之功效。据清代陈士铎《本草新编》记载：青蒿，专解骨蒸劳热，尤能泄暑热之火，泄火热而不耗气血，用之以佐气血之药，大建奇功，可君可臣，而又可佐可使，无不宜也。

楚香之香方一味

雪沫爽神香

红柏30克，青蒿30克，香茅20克，茉莉10克，薄荷10克。研末，窨一周，和黏粉可制盘香，香气清幽。此香需窨以时日，否则烟气较重，冲淡香气，而用于夏日，烟重可燎蚊。

中医药方一味

青蒿丸

青蒿500克，取汁熬膏，入人参末、麦冬末各30克，熬至可丸，丸如梧桐子大。每食后米饮下20丸。治虚劳、盗汗、烦热、口干。

参照《圣济总录》

一诗一香草

蘭芷變而不芳兮荃蕙化而為茅
何昔日之芳草兮今直為此蕭艾也 萱見

《萧》

我被谪凡间
守孤塔于秋风
风吹草现遗世的荒凉
摘芦苇成扁舟
东山下与苏子一醉方休
借洞箫化愁绪
疯长成遍野青黄的怨尤
东篱下消魂
西风里携暗香盈袖
寒凉是被谪后的性情
辛烈是郁闷不解的乡愁
温一壶酒解虚热
佯装人比黄花瘦
这世间痴情是病
加黄连煮沸汤
良药终是苦口

花语

萧，又称牛尾蒿、白蒿、茵陈蒿、黄花蒿，菊科草本植物，花语是柳暗花明。

后记

认识韩雪的时间不长，那是在时间的概念里，认识韩雪的时间很长，那是在空间的概念里，认识她以后，我开始了解楚香，而楚香为我推开了一扇门，让我身为楚人而深感自豪。

每个人都会对自己的故乡充满深情，而每个人都会或多或少用独有的方式表达这份深情，我们且把这份简单的深情，谓之情怀。

情怀这个词是很高级的状态，我们有时候说到情怀，多少还会带点调侃的口吻。我不敢自诩有情怀，我觉得那是文化人的事，而我只是一个普通的平凡人。

人的活法有许多种，我在关于人生的终极思考中，得到的是对文化的敬畏，因此，眼见着我的家乡北洋古桥历经风霜，我开始呼吁对古桥作建设性的维护，我觉得那曾渡过无数往来过客的桥，一时成了我内心的图腾，我愿意是座桥，看南来北往的过客，匆匆而过，自己的存在，能为这个世界做点什么，是活着的意义。

而认识韩雪后，在她近乎痴迷的对楚香的钟爱中，我看到坚持文化传承的不容易，这不仅需要情怀，更需要不舍的执着，在一缕楚香的袅袅清烟中，我感受到楚文化的博大精深，我看到有些人的存在，担负着传承与延续，是活着的使命。

《一句楚辞一味香》是韩雪近十年对楚香文化研究的总结，全书共三十五篇，历经四年完稿，十年浓缩于十余万字，把楚地35味香草的性味，拟人化地娓娓道来，一下子将人带入草木世界，顿时满目香草，满鼻芬芳，心旷神怡。正如国医大师王平教授在序言“香药同源佑众生”中论述“芳香疗法早在人类接触药草或芳香类药草时就已存在了…”，我再读文章中的香方与药方，深刻体会文化是需要化之于民的。

著名楚文化专家刘玉堂更是在序言中给予作品极高赞扬：其想象之奇特、构思之精巧、语言之优雅、莫不令人拍案击节！虽说是一诗一香草，一花一楚香，其主题则皆深植《楚辞》。尤其使人称奇的是，这一切的一切无不与楚香融为一体，连同其母题——《楚辞》中的花草，一并化作楚香的灵魂与血肉。在读了这些文字后，或许，同为楚人的你和我，骄傲于我们一直活在楚香细腻无声的熏陶下，并真实的获得了身心的健康。

易经有云：同声相应，同气相求，生命的旅途，需要同道者。在传承楚香文化上下求索的过程中，能为负重前行的同道者分担，是生命的价值。路漫漫其修远兮，楚香是中国香文化乃至中国传统文化的一朵奇葩，我希望为它而做的点点小事是瓦砾碎片，抛出而引得的是金玉良缘。楚香香飘万里，息息呼吸间，是我们先祖一脉相传的浩然正气。

不是后记的记上一笔。

陈贵生

2022年1月17日